职业教育精品规划教材

电子技术技能训练

主　编　杨　雪　李福军　章建群
副主编　关长伟　谢海洋　刘立军

电子工业出版社
Publishing House of Electronics Industry
北京·BEIJING

内 容 简 介

本书共分 7 个项目,包括:电子仪器仪表的使用训练、电子元器件的识别训练、电子电路图的读图训练、电子元器件的焊接训练、模拟电子技术基本技能训练、数字电子技术基本技能训练和电子技术综合技能训练。

本书既可作为职业院校各专业电子技术实验及实训课程的教材,也可作为应用型本科、成人教育、电视大学、函授学院、中职学校、培训班等的实训教材,以及电子信息专业工程技术人员的参考书。

未经许可,不得以任何方式复制或抄袭本书之部分或全部内容。
版权所有,侵权必究。

图书在版编目(CIP)数据

电子技术技能训练 / 杨雪,李福军,章建群主编. —北京:电子工业出版社,2015.1
ISBN 978-7-121-25063-7

Ⅰ. ①电… Ⅱ. ①杨… ②李… ③章… Ⅲ. ①电子技术—高等职业教育—教材 Ⅳ. ①TN

中国版本图书馆 CIP 数据核字(2014)第 286339 号

责任编辑:郭乃明　　特约编辑:范　丽
印　　刷:三河市双峰印刷装订有限公司
装　　订:三河市双峰印刷装订有限公司
出版发行:电子工业出版社
　　　　　北京市海淀区万寿路 173 信箱　邮编　100036
开　　本:787×1 092　1/16　印张:13.75　字数:352 千字
版　　次:2015 年 1 月第 1 版
印　　次:2015 年 1 月第 1 次印刷
印　　数:3 000 册　　定价:28.00 元

凡所购买电子工业出版社图书有缺损问题,请向购买书店调换。若书店售缺,请与本社发行部联系,联系及邮购电话:(010)88254888。

质量投诉请发邮件至 zlts@phei.com.cn,盗版侵权举报请发邮件至 dbqq@phei.com.cn。
服务热线:(010)88258888。

前 言

本书依据职业教育的人才培养目标编写，突出职业技能训练，可使学习者学会阅读电路图，熟悉常用电子元器件的选择、测试方法，掌握电路焊接和组装技能，学会如何使用电子仪器调试电路并能处理安装调试过程中出现的问题。全书始终贯彻"以就业为导向，以能力为本位"的理念，实现以课程对接岗位、教材对接技能的目标，以"任务驱动模式"适应"工学结合"的教学要求，满足了项目教学法的需要。

全书共有七个项目，分别是电子仪器仪表的使用训练、电子元器件的识别训练、电子电路图的读图训练、电子元器件的焊接训练、模拟电子技术基本技能训练、数字电子技术基本技能训练和电子技术综合技能训练。本书内容深入浅出，既可作为职业院校电类专业电子技术实验及实训课程的教材，也可供从事电子信息或电气工程的工程技术人员和自学者参考。

在本书编写过程中，主要体现了以下原则：

1. 教学内容切实本着"实用、够用"为度的原则，体现了理论与技能训练一体化的教学模式，有利于提高学习者分析问题和解决问题的能力，也有利于提高学习者的动手能力和工作的适应能力。

2. 坚持以应用为目的，精心选择项目内容，有利于对学习者的全面训练。

3. 在编写过程中，采用大量的图片、实物照片将知识点直观地展示出来，以降低学习难度，提高读者的学习兴趣。

4. 为了方便教学，本书配备了教学课件。

5. 尽可能地在教材中增加新知识和新技术。

本书由辽宁机电职业技术学院的杨雪、李福军、关长伟、谢海洋、刘立军以及江西现代职业技术学院章建群编写，其中杨雪对全书进行了统稿，并编写了前言、项目二和项目四，李福军编写了项目一、项目五，关长伟编写了项目七，谢海洋编写了项目六以及附录，刘立军编写了项目三。

由于编者水平有限，书中难免有错漏之处，敬请各院校师生和广大读者批评指正。

编 者
2014 年 10 月

目 录

项目一　电子仪器仪表的使用训练 ……………………………………………………………… 1
　任务1　万用表的使用 ……………………………………………………………………………… 2
　任务2　示波器的使用 ……………………………………………………………………………… 8

项目二　电子元器件的识别训练 ……………………………………………………………… 19
　任务1　电阻器的识别与使用 …………………………………………………………………… 20
　任务2　电容器的识别与使用 …………………………………………………………………… 31
　任务3　电感器的识别与使用 …………………………………………………………………… 37
　任务4　二极管的识别与使用 …………………………………………………………………… 44
　任务5　三极管的识别与使用 …………………………………………………………………… 55

项目三　电子电路图的读图训练 ……………………………………………………………… 60
　任务1　声光两控电路的读图训练 ……………………………………………………………… 61
　任务2　直流稳压电源电路的读图训练 ………………………………………………………… 72

项目四　电子元器件的焊接训练 ……………………………………………………………… 76
　任务1　手工锡焊 ………………………………………………………………………………… 77
　任务2　手工拆焊 ………………………………………………………………………………… 85

项目五　模拟电子技术基本技能训练 ………………………………………………………… 89
　任务1　直流稳压电源功能测试 ………………………………………………………………… 90
　任务2　单管放大电路功能测试 ………………………………………………………………… 99
　任务3　负反馈放大电路功能测试 ……………………………………………………………… 104
　任务4　射极跟随器功能测试 …………………………………………………………………… 108
　任务5　比例运算放大电路功能测试 …………………………………………………………… 111
　任务6　电压比较器功能测试 …………………………………………………………………… 116
　任务7　功率放大电路功能测试 ………………………………………………………………… 121
　任务8　RC振荡电路功能测试 …………………………………………………………………… 125

项目六　数字电子技术基本技能训练 ………………………………………………………… 129
　任务1　门电路功能测试及转换 ………………………………………………………………… 130
　任务2　译码显示电路功能测试 ………………………………………………………………… 134

任务3　组合逻辑电路设计与测试 ··· 140
　　任务4　数据选择器功能测试 ··· 144
　　任务5　触发器功能测试 ·· 148
　　任务6　计数器功能测试 ·· 152
　　任务7　555定时器功能测试 ··· 158
项目七　电子技术综合技能训练 ··· 164
　　任务1　收音机的装配与调试 ··· 165
　　任务2　万用表的装配与调试 ··· 175
　　任务3　数字钟的装配与调试 ··· 187
　　任务4　正弦波信号发生器的装配与调试 ··· 197
附录 ··· 205
　　附录A　常用数字集成电路速查表 ··· 205
　　附录B　常用数字电路集成引脚排列图 ··· 213

项目一 电子仪器仪表的使用训练

 教学导航

教	知识重点	①万用表的使用; ②示波器的使用
	知识难点	①万用表的读数; ②万用表测量电流和电压时接入电路中的方法; ③用示波器进行波形比较的方法
	推荐教学方式	①项目教学; ②演示教学; ③边讲解边指导学生动手练习; ④出现问题集中讲解; ⑤多给学生以鼓励
	建议学时	4学时
学	推荐学习方法	①理论和实践相结合,注重实践; ②课前预习相关知识; ③课上认真听老师讲解,记住操作过程; ④出现问题,查看相关知识,争取自己先解决,自己解决不了再向同学及老师寻求帮助; ⑤课后及时完成实训报告
	必须掌握的理论知识	①万用表的功能、性能指标; ②使用万用表的注意事项; ③示波器的面板组成; ④示波器垂直系统和水平系统的设置
	必须掌握的技能	①使用万用表测量电阻、直流电压、交流电压以及电流的方法; ②使用示波器进行波形测试和波形比较

任务 1 万用表的使用

任务要求

通过对万用表的实际使用,要求学生掌握万用表的使用方法。

1. 知识目标

(1) 掌握万用表的种类与用途。
(2) 了解万用表的特点。
(3) 掌握万用表使用的注意事项。

2. 技能目标

(1) 掌握使用万用表测量电阻的操作方法。
(2) 掌握使用万用表测量电压的操作方法。
(3) 掌握使用万用表测量电流的操作方法。

任务相关知识

万用表是一种多功能、多量程的便携式仪表,一般的万用表可以测量直流电信号、交流电信号和电阻,有些万用表还可测量电容、功率、晶体管共射极直流放大系数 h_{FE} 等。

根据测量原理及测量结果显示方式的不同,万用表可分为两大类:模拟(指针)式万用表和数字式万用表。

1. MF-47 型万用表

(1) 主要功能

MF-47 型万用表是一款多量程、多用途的便携式测量仪表,读数采用指针指示方式。MF-47 型万用表具有 26 个基本量程,还有测量电平、电容、电感、晶体管直流参数等 7 个附加参考量程,是一种量程多、分挡细、灵敏度高、体形轻巧、性能稳定、过载保护可靠、读数清晰、使用方便的通用型万用表。

MF-47 型万用表的外形如图 1-1 所示,在表的面板上有带多条刻度尺的表盘、转换开关的旋钮、在测量电阻时实现调零的电位器的旋钮、供接线用的插孔等。

(2) 性能指标

① 测量机构采用高灵敏度表头,硅二极管保护,保

图 1-1 MF-47 指针式万用表

证过载时不损坏表头,线路设有熔断电流为 0.5A 的熔断器以防止挡位误用时烧坏电路。

② 在电路设计上考虑了湿度和频率补偿。

③ 在低电阻挡选用 2 号干电池供电,电池容量大、寿命长。

④ 配合高压表笔和插孔,可测量 2.5kV 以下高压。

⑤ 配有晶体管静态直流放大系数检测挡位。

⑥ 表盘标度尺、刻度线与挡位开关旋钮指示盘均为红、绿、黑三色,分别按交流是红色、晶体管是绿色、其余是黑色对应制成,共有七条专用刻度线,刻度分开,便于读数;配有反光铝膜,可以消除视差,提高读数精度。

⑦ 交、直流 2500V 电压挡和直流 5A 电流挡分别有单独插孔。

⑧ 外壳上装有提把,不仅便于携带,而且可在必要时作为倾斜支撑,便于读数。

⑨ 测量电参数分挡:

- 测量直流电流:5A、500mA、50mA、5mA、500μA 和 50μA 共 6 挡。
- 测量直流电压:0.25V、1V、2.5V、10V、50V、250V、500V、1kV 和 2.5kV 共 9 挡。
- 测量交流电压:10V、50V、250V、500V、1kV 和 2.5kV 共 6 挡。
- 测量电阻:×1Ω、×10Ω、×100Ω、×1kΩ 和 ×10kΩ 共 5 挡。

(3) 测量方法

测量过程:插孔选择→机械调零→物理量选择→量程选择→物理量的测量→读数。

① 插孔选择。红表笔插入标有"+"符号的插孔,黑表笔插入标有"-"符号的插孔。

② 机械调零。将万用表水平放置,调节表盘上的机械调零旋钮,使表针指准零位。

③ 物理量选择。物理量选择就是根据不同的被测物理量将转换开关旋至相应的位置。

④ 量程选择。预测被测量参数的大小,选择合适的量程。量程的选择标准:测量电流和电压时,应使表针偏转至满刻度的 1/2 或 2/3 以上;测量电阻时,应使表针偏转至中心刻度值的 1/10~10 倍。

⑤ 物理量的测量。电压测量:将万用表与被测电路并联测量;测量直流电压时,应将红表笔接高电位,将黑表笔接低电位;若无法区分高、低电位,则应先将一支表笔接稳一端,将另一支表笔触碰另一端,若表针反偏,则说明表笔接反;测量高电压(500~2500V)时,应戴绝缘手套,站在绝缘垫上进行,并使用高压测量表笔。

电流测量:将万用表串联在被测回路中;测量直流电流时,应使电流由红表笔流入万用表,再由黑表笔流出万用表;在测量中不允许带电换挡;测量较大电流时,应断开电源后再撤表笔。

电阻测量:首先应进行欧姆调零,即将两个表笔短接,同时调节面板上的欧姆调零旋钮,使指针在电阻刻度的零点上,若调不到零点,则说明万用表电池欠电,需要更换电池;断开被测电阻的电源及连接导线进行测量;测量过程中每转换一次量程,应重新进行欧姆调零;测量过程中表笔应与被测电阻接触良好,手不得接触到表笔的金属部分,以减少不必要的测量误差;被测电阻不能有并联支路。

晶体管共射极直流放大系数 h_{FE} 测量:先将转换开关旋至晶体管调节 ADJ 位置,将两个表笔短接,调节面板上的欧姆调零旋钮,使指针对准 $300h_{FE}$;然后将转换开关旋至 h_{FE}

位置，把被测晶体管插入专用插孔进行测量，N 型插孔插 NPN 型晶体管，P 型插孔插 PNP 型晶体管。

⑥ 读数。读数时，应根据不同的测量物理量及量程，在相应的刻度尺上读出表针的数值。另外，读数时应尽量使视线与表面垂直，以减小由于视线偏差所引起的使用误差。

电压、电流测量读数：可以选择 0～250 刻度线（第二条线）、0～50 刻度线（第三条线）或者 0～10 刻度线（第四条线）进行读数。读得数值乘以量程挡位/刻度线的最大值，所得的结果就是所测电压或者电流的值。

电阻测量读数：读出表针在欧姆刻度线（第一条线）上的读数，再乘以该挡位标的数字，就是所测电阻的阻值。

（4）使用注意事项

① 在使用万用表之前，应先进行"机械调零"，即在没有被测电量时，使万用表表针指在零电压或零电流的位置上。

② 在使用万用表过程中，不能用手去接触表笔的金属部分，这样一方面可以保证测量的准确度，另一方面也可以保证人身安全。

③ 在测量某一电量时，不能在测量的同时换挡，尤其是在测量高电压或大电流时，更应该注意。否则，会使万用表损坏。如需换挡，应先移开表笔，换挡后再去测量。

④ 万用表在使用时，必须水平放置，以免造成误差。同时，还要注意到避免外界磁场对万用表的影响。

⑤ 万用表使用完毕，应将转换开关置于交流电压的最大挡。如果长期不使用，还应将万用表内部的电池取出来，以免电池腐蚀表内其他器件。

2. DM-B 型数字万用表

（1）主要功能

DM-B 型数字万用表是一款数字显示式电子测量仪表，具有高输入阻抗、高可读性、高智能性等特点，其外形如图 1-2 所示。

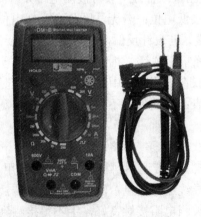

图 1-2 DM-B 数字式万用表

DM-B 型数字万用表不仅可以测量电工电子的一般物理量，还可以自动调零、自动分辨电极、显示极性、超量程显示和低压指示，具有过流保护和过压保护能力。

（2）性能指标

DM-B 型数字万用表的各种技术指标如下。

直流电压测量范围：200mV/2V/20V/200V±(0.5%+2 字)，600V±(0.8%+2 字)。

交流电压测量范围：200V/600V±(0.8%+2 字)。

直流电流测量范围：2mA/200A±(1.0%+2 字)，200mA±(1.2%+2 字)，10A±(2.0%+2 字)。

电阻测量范围：200Ω/2kΩ/20kΩ/200kΩ±(0.8%+2 字)，2μΩ±(1.0%+2 字)。

晶体管测试 h_{FE} 范围：1～1000。

最大显示值：1999(3½位)，液晶显示。

显示方法：宽大 LCD 显示屏。

测量方法：双斜率积分 A/D 转换系统，自动校零。

过载指示：最高显示"1"或"-1"。

采样速率：2～3 次/秒。

具有背光和保持读数功能。

工作温度范围：0℃～40℃，相对湿度≤75%。

储存温度范围：-10℃～50℃，相对湿度≤80%。

外形尺寸：157mm×80mm×43mm。

（3）测量方法

电压测量：将红表笔插入"600V"插孔，将黑表笔插入"COM"插孔，根据所测电压选择合适量程后，将表笔与被测电路并联即可进行测量。

注意：不同的量程其测量精度也不同，不能用高量程挡去测量小电压。

电流测量：将红表笔插入"10A"或"mA"插孔（根据量程值的大小选择），将黑表笔插入"COM"插孔，合理选择量程，将两表笔串联接入被测量电路即可进行测量。

电阻测量：将红表笔插入"Ω"插孔，将黑表笔插入"COM"插孔，合理选择量程即可以进行测量。

h_{FE} 值测量：根据被测管的类型选择量程开关的"PNP"挡或"NPN"挡，将被测管的三个管脚 E、B、C 插入相应的插孔，显示屏上将显示出 h_{FE} 值的大小。

任务实施

1. 任务实施器材

（1）MF-47 型万用表一块/组。

（2）DM-B 型万用表一块/组。

（3）实验台一台/组。

（4）色环电阻十个/组。

2. 任务实施步骤

（1）MF-47 型万用表的操作

操作提示：检查表笔是否绝缘，调零校准；严禁用欧姆挡测量电压；注意测量安全。

操作题目 1：测量电阻

操作方法：
① 将万用表水平放置，进行机械调零。
② 将量程转换开关拨到适当挡位。
③ 将红黑表笔短接，进行欧姆调零。
④ 单手持笔并跨接在电阻两端。

注意：保证被测电阻与其他器件或电源等脱离。

⑤ 待表针偏转稳定，读取测量值。将结果填入表 1-1 中。

表 1-1　电阻测试值

	电阻一	电阻二	电阻三	电阻四	电阻五
测量值					

操作题目 2：测量直流电压

操作方法：
① 将量程转换开关拨到适当挡位。
② 将万用表并联在被测电路的两端，将红表笔接电池正极，黑表笔接电池负极。
③ 待表笔偏转稳定，读取测量值，将结果填入表 1-2 中。

表 1-2　直流电压测试值

	电压一	电压二	电压三	电压四	电压五
测量值					

操作题目 3：测量交流电压

操作方法：
① 将量程转换开关拨到适当挡位。
② 将万用表并联在被测电路的两端。
③ 待表笔偏转稳定，读取测量值，将结果填入表 1-3 中。

表 1-3　交流电压测试值

	电压一	电压二	电压三	电压四	电压五
测量值					

操作题目 4：测量电流

操作方法：
① 将量程转换开关拨到适当挡位。
② 将万用表串联在被测电路中，使电流从红表笔流入，黑表笔流出。
③ 待表笔偏转稳定，读取测量值，将结果填入表 1-4 中。

表 1-4 电流测试值

	电流一	电流二	电流三	电流四	电流五
测量值					

（2）DM-B 型万用表的操作

操作提示：DM-B 型万用表的插孔较多，应注意区分，并慎用；检查表笔是否绝缘，调零校准；注意测量安全。

操作题目 1：测量电阻

操作方法：
① 将万用表水平放置，进行机械调零。
② 将表笔插入相应插孔。
③ 将量程转换开关拨到适当挡位。
④ 单手持笔并跨接在电阻两端。

注意：保证被测电阻与其他器件或电源等脱离。

⑤ 待数据稳定后，读数。将结果填入表 1-5 中。

表 1-5 电阻测试值

	电阻一	电阻二	电阻三	电阻四	电阻五
测量值					

操作题目 2：测量直流电压

操作方法：
① 将表笔插入相应插孔。
② 将量程转换开关拨到适当挡位。
③ 将万用表并联在被测电路的两端，将红表笔接电池正极，黑表笔接电池负极。
④ 待数据稳定后，读数。将结果填入表 1-6 中。

表 1-6 直流电压测试值

	电压一	电压二	电压三	电压四	电压五
测量值					

操作题目 3：测量交流电压

操作方法：
① 将表笔插入相应插孔。
② 将量程转换开关拨到适当挡位。
③ 将万用表并联在被测电路的两端。
④ 待数据稳定后，读数。将结果填入表 1-7 中。

表1-7 交流电压测试值

	电压一	电压二	电压三	电压四	电压五
测量值					

操作题目4：测量电流

操作方法：

① 将表笔插入相应插孔。

② 将量程转换开关拨到适当挡位。

③ 将万用表串联在被测电路中，使电流从红表笔流入，黑表笔流出。

④ 待数据稳定后，读数。将结果填入表1-8中。

表1-8 电流测试值

	电流一	电流二	电流三	电流四	电流五
测量值					

任务考核与评价

见表1-9。

表1-9 万用表的使用考核

任务内容	配分	评分标准		自评	互评	教师评
MF-47型万用表的使用	60	①电阻测量	15分			
		②直流电压测量	15分			
		③交流电压测量	15分			
		④电流测量	15分			
DM-B型万用表的使用	40	①电阻测量	10分			
		②直流电压测量	10分			
		③交流电压测量	10分			
		④电流测量	10分			
定额时间	90min	每超过5min	扣10分			
开始时间		结束时间	总评分			

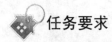

任务2　示波器的使用

任务要求

示波器是电子测量中必备的电子仪器，每一个电子技术行业的从业者都必须熟练掌握。通过对普源公司DS5022型数字示波器的实际使用，要求学生掌握示波器的使用方法。

1. 知识目标

（1）了解示波器的种类与用途。

（2）掌握示波器的面板组成。
（3）掌握示波器的水平和垂直系统设置。

2. 技能目标

（1）掌握使用示波器测试波形的操作方法。
（2）掌握使用示波器测量峰峰值、频率等参数的操作方法。
（3）掌握使用示波器比较波形的操作方法。

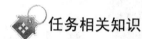 任务相关知识

1. 基本功能与种类

示波器是一种常用的电子测量仪器，可以用来观测各种不同电信号的幅度随时间变化的波形曲线，还可以用来测定各种电量，如电压、电流、频率、周期、相位、失真度等。另外，若配以传感器，示波器还可以对压力、温度、密度、速度、声、光、磁等非电量进行测量。

示波器的种类很多，根据其用途及特点的不同，可以分为通用示波器、取样示波器、逻辑示波器、记忆与存储示波器等。

按照对被测信号的处理方法不同，示波器可以分为模拟示波器和数字示波器。模拟示波器以连续方式将被测信号显示出来。数字示波器首先将被测信号抽样和量化，变为二进制信号存储起来，再从存储器中取出信号的离散值，通过算法将离散的被测信号以连续的形式在屏幕上显示出来。

2. 示波器的面板

图 1-3 是普源公司 DS5022 型数字示波器的外形图，下面以它为例进行讲解。

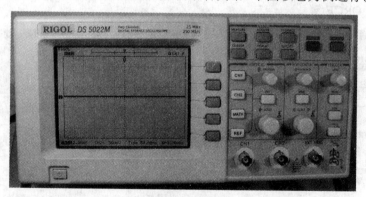

图 1-3 DS5022 型数字示波器的外形图

（1）图 1-4 是示波器的常用菜单区
MEASURE：自动测量
ACQUIRE：设置采样系统
STORAGE：存储和调出

CURSOR：光标测量
DISPLAY：显示方式
UTILITY：设置辅助系统
（2）图 1-5 是示波器的操作方式控制区
AUTO：自动调整
RUN/STOP：运行/停止

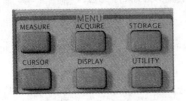
图 1-4 常用菜单区

图 1-5 操作方式控制区

（3）图 1-6 是示波器的垂直系统操作区
POSITION：垂直位置旋钮
CH1、CH2、MATH、REF：四个通道键
OFF：关闭通道键
SCALE：垂直衰减旋钮
（4）图 1-7 是示波器的水平系统操作区
POSITION：水平位置旋钮
MENU：水平功能菜单
SCALE：水平衰减旋钮
（5）图 1-8 是示波器的触发系统操作区
LEVEL：触发电平调节旋钮
MENU：触发功能菜单
50%：50%按键
FORCE：FORCE 键

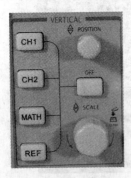

图 1-6 垂直系统操作区　　图 1-7 水平系统操作区　　图 1-8 触发系统操作区

（6）图 1-9 是示波器的信号输入/输出区
CH1：信号输入通道 1
CH2：信号输入通道 2
EXT TRIG：外触发信号输入端

最右侧：示波器校正信号输出端
(7) 图 1-10 是示波器的屏幕菜单选择区

图 1-9　信号输入/输出区

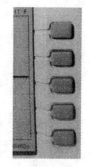

图 1-10　屏幕菜单选择区

(8) 图 1-11 是示波器屏幕的信息标注

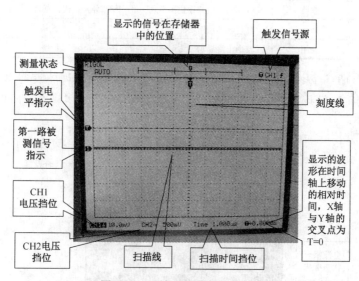

图 1-11　示波器屏幕的信息标注

3. 设置垂直系统

(1) 通道的设置

每个通道有独立的垂直菜单。每个项目都按不同的通道单独设置。
按 CH1 或 CH2 功能按键，系统显示 CH1 或 CH2 通道的操作菜单，说明见表 1-10。

表 1-10　通道设置菜单

功能菜单	设　定	说　　明
耦合	交流	阻挡输入信号的直流成分
	直流	通过输入信号的交流和直流成分
	接地	断开输入信号
带宽限制	打开	限制带宽至 20MHz，以减少显示噪音。满带宽
	关闭	

续表

功能菜单	设　定	说　明
探头	1×	根据探头衰减因数选取其中一个值,以保持垂直标尺读数准确
	5×	
	10×	
	50×	
	100×	
	500×	
	1000×	
数字滤波	—	设置数字滤波(见表1-11)
下一页	1/2	进入下一页菜单
上一页	2/2	返回上一页菜单
挡位调节	粗调	粗调按1-2-5进制设定垂直灵敏度
	微调	微调则在粗调设置范围之间进一步细分,以改善垂直分辨率
反相	打开	打开波形反向功能
	关闭	波形正常显示

① 设置通道耦合。以 CH1 通道为例,被测信号是一含有直流成分的正弦信号。

按 CH1 →耦合→交流,设置为交流耦合方式。被测信号含有的直流分量被阻隔。波形显示如图1-12所示。

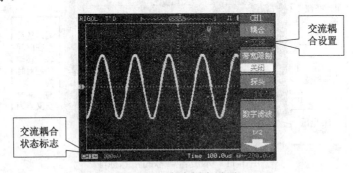

图 1-12　交流耦合设置

按 CH1 →耦合→直流,设置为直流耦合方式。被测信号含有的直流分量和交流分量都可以通过。波形显示如图1-13所示。

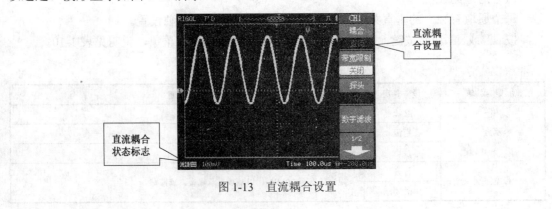

图 1-13　直流耦合设置

按 CH1→耦合→接地，设置为接地耦合方式。被测信号被断开。波形显示如图 1-14 所示。

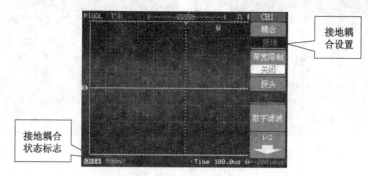

图 1-14 接地耦合设置

② 波形反相的设置。波形反相：显示的信号相对地电位翻转 180 度。波形显示如图 1-15 所示。

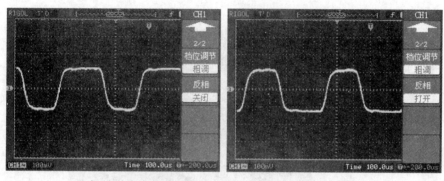

（a）未反相的波形　　　　　　　　　　（b）反相的波形

图 1-15 波形反相设置

（2）数字滤波

按 CH1→数字滤波，系统显示 FILTER 数字滤波功能菜单，旋动多功能旋钮设置频率上限和下限，设定滤波器的带宽范围。说明见表 1-11。数字滤波前后波形详见图 1-16。

表 1-11 滤波器设置菜单

功能菜单	设　定	说　明
数字滤波	关闭	关闭数字滤波器
	打开	打开数字滤波器
滤波类型	⌐¯⌐f	设置滤波器为低通滤波
	⌐_⌐f	设置滤波器为高通滤波
	⌐_⌐f	设置滤波器为带通滤波
	⌐¯⌐f	设置滤波器为带阻滤波
上限频率	频率上限	多功能旋钮（↻）设置频率上限
下限频率	频率下限	多功能旋钮（↻）设置频率下限
↰		返回上一级菜单

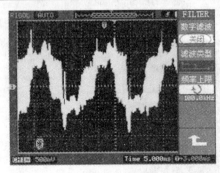 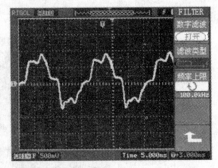

(a) 关闭滤波的波形　　　　　　　(b) 打开滤波的波形

图 1-16　数字滤波设置

（3）数字运算

数学运算（MATH）功能是显示 CH1、CH2 通道波形相加、相减、相乘以及 FFT 运算的结果。数学运算的结果同样可以通过栅格或游标进行测量。说明见表 1-12。数字运算界面如图 1-17 所示。

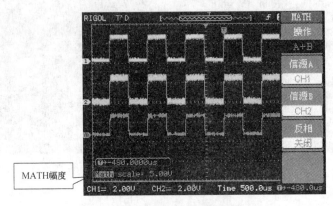

图 1-17　数字运算界面

表 1-12　数字运算设置菜单

功能菜单	设　定	说　明
操作	A+B	信源A 与信源 B 波形相加
	A-B	信源A 波形减去信源 B 波形
	A×B	信源A 与信源B 波形相乘
	FFT	FFT 数学运算
信源A	CH1	设定信源A 为CH1 通道波形
	CH2	设定信源A 为CH2 通道波形
信源B	CH1	设定信源B 为CH1 通道波形
	CH2	设定信源B 为CH2 通道波形
反相	打开	打开数学运算波形反相功能
	关闭	关闭反相功能

（4）导入/导出操作

按 REF → 导入/导出，进入图 1-18 所示菜单。导入/导出菜单说明见表 1-13。导入/导出界面如图 1-18 所示。

项目一 电子仪器仪表的使用训练

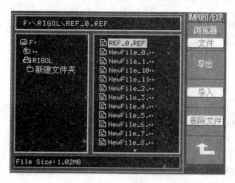

图 1-18 导入/导出界面

图 1-19 导出界面

表 1-13 导入/导出菜单说明表

功能菜单	设 定	说 明
浏览器	路径	切换文件系统显示的路径、目录和文件
	目录	
	文件	
导出		将用户保存到内部存储区的 REF 文件导出到外部存储器
导入		将用户选定的 REF 文件导入到内部存储区
删除文件		删除用户选定文件

① 导出操作。按 REF→导入/导出→导出,进入导出菜单。导出菜单说明见表 1-14。导出界面如图 1-19 所示。

表 1-14 导出菜单说明表

功能菜单	说 明
↑	文件名称的输入焦点向上移动
↓	文件名称的输入焦点向下移动
×	删除文件名称字符串或拼音字符串（中文输入）中高亮显示的字符
保存	执行导出文件操作

② 保存到外部存储区操作。按 REF→保存,进入保存菜单。保存菜单说明见表 1-15。保存界面如图 1-20 所示。

表 1-15 保存菜单说明表

功能菜单	设 定	说 明
浏览器	路径	切换文件系统显示的路径、目录和文件
	目录	
	文件	
新建文件（目录）		文件系统焦点在路径和文件时,该键用来新建文件,否则为新建目录操作
删除文件		删除用户选定文件

③ 新建文件（或新建目录）操作。按 REF→保存→新建文件（或新建目录）,进入新建文件菜单。中文输入界面如图 1-21 所示。

④ 导入文件操作。按 REF→导入,进入导入菜单。

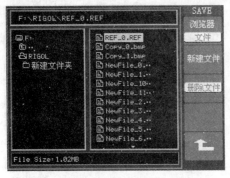   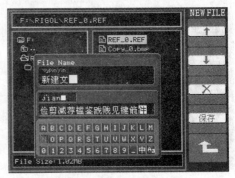

图 1-20　保存界面　　　　　　　　图 1-21　中文输入界面

4. 设置水平系统

（1）水平控制旋钮

使用水平控制钮可改变水平刻度（时基）、触发在内存中的水平位置（触发位移）。屏幕水平方向上的中点是波形的时间参考点。改变水平刻度会导致波形相对屏幕中心扩张或收缩。水平位置改变波形相对于触发点的位置。

水平 POSITION：

调整通道波形（包括数学运算）的水平位置。这个控制钮的解析度根据时基而变化，按下此旋钮使触发位置立即回到屏幕中心。

水平 SCALE：

调整主时基或延迟扫描（Delayed）时基，即秒/格（s/div）。当延迟扫描被打开时，将通过改变水平 SCALE 旋钮改变延迟扫描时基而改变窗口宽度。

（2）水平控制按键 MENU

水平控制按键 MENU 菜单如表 1-16 所示。

表 1-16　水平控制按键 MENU 菜单说明表

功能菜单	设　定	说　明
延迟扫描	打开	进入 Delayed 波形延迟扫描
	关闭	关闭延迟扫描
时基	Y-T	Y-T 方式显示垂直电压与水平时间的相对关系
	X-Y	X-Y 方式在水平轴上显示通道 1 幅值，在垂直轴上显示通道 2 幅值
	Roll	Roll 方式下示波器从屏幕右侧到左侧滚动更新波形采样点
采样率		显示系统采样率
触发位移复位		调整触发位置到中心零点

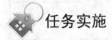 任务实施

1. 任务实施器材

（1）示波器一台/组。

（2）实验台一台/组。

2. 任务实施步骤

操作题目 1：显示信号波形

操作方法：
（1）将探头菜单衰减系数设定为 10×，并将探头上的开关设定为 10×。
（2）将通道 1 的探头连接到电路被测点。
（3）按下 AUTO（自动设置）按钮。
（4）进一步调节垂直、水平挡位，直至波形的显示符合要求。

操作题目 2：峰峰值的测量

操作方法：
（1）按下 MEASURE 按钮以显示自动测量菜单。
（2）按下 1 号菜单操作键以选择信源 CH1。
（3）按下 2 号菜单操作键选择测量类型：电压测量。
（4）在电压测量弹出菜单中选择测量参数：峰峰值。
（5）在屏幕左下角读出峰峰值的示数。

操作题目 3：频率的测量

操作方法：
（1）按下 MEASURE 按钮以显示自动测量菜单。
（2）按下 1 号菜单操作键以选择信源 CH1。
（3）按下 3 号菜单操作键选择测量类型：时间测量。
（4）在时间测量弹出菜单中选择测量参数：频率。
（5）在屏幕下方读出频率的示数

注意：测量结果在屏幕上的显示会因为被测信号的变化而改变。

操作题目 4：观察正弦波信号通过电路产生的延迟和畸变

操作方法：
（1）设置探头和示波器通道的探头衰减系数为 10×。
（2）将示波器 CH1 通道与电路信号输入端相接，CH2 通道与输出端相接。
（3）按下 AUTO（自动设置）按钮。
（4）继续调整水平、垂直挡位直至波形显示满足测试要求。
（5）按 CH1 按键选择通道 1，旋转垂直（VERTICAL）区域的垂直旋钮调整通道 1 波形的垂直位置。
（6）按 CH2 按键选择通道 2，如前操作，调整通道 2 波形的垂直位置。使通道 1、2 的波形既不重叠在一起，又利于观察比较。
（7）按下 MEASURE 按钮以显示自动测量菜单。
（8）按下 1 号菜单操作键以选择信源 CH1。

(9) 按下 3 号菜单操作键选择时间测量。
(10) 在时间测量选择测量类型：延迟 1→2 ⌐。
(11) 观察波形的变化。

 任务考核与评价（表 1-17）

表 1-17　示波器测试考核

任 务 内 容	配　分	评 分 标 准		自　评	互　评	教 师 评
显示信号波形	20	①探头的处理	10 分			
		②波形的显示	10 分			
峰峰值的测量	30	①峰峰值的选择	20 分			
		②数据的读取	10 分			
频率的测量	30	①频率的选择	20 分			
		②数据的读取	10 分			
观察正弦波信号通过电路产生的延迟和畸变	20	①波形的调整	15 分			
		②波形的比较	5 分			
定额时间	45min	每超过 5min	扣 10 分			
开始时间		结束时间		总评分		

项目二　电子元器件的识别训练

 教学导航

教	知识重点	①电阻器阻值的读法； ②电容器容值的读法以及电解电容极性的判断； ③二极管极性的判断； ④三极管的检测方法
	知识难点	①色环电阻的识别方法； ②二极管极性的判断； ③三极管管脚位置的判断
	推荐教学方式	①项目教学； ②演示教学； ③边讲解边指导学生动手练习； ④出现问题集中讲解； ⑤多给学生以鼓励
	建议学时	5学时
学	推荐学习方法	①理论和实践相结合，注重实践； ②课前预习相关知识； ③课上认真听老师讲解，记住操作过程； ④出现问题，查看相关知识，争取自己先解决，自己解决不了再向同学及老师寻求帮助； ⑤课后及时完成实训报告
	必须掌握的理论知识	①电阻器、电容器以及电感器的分类方法； ②电阻器、电容器以及电感器值的读法； ③使用万用表进行测量的方法
	必须掌握的技能	①电阻、电容以及电感值的读法； ②二极管极性的判断； ③三极管好坏、类型以及管脚位置的判断

任务 1 电阻器的识别与使用

任务要求

通过对电阻器的直观识别和质量检测,要求学生能识别电阻器,掌握电阻器检测方法。

1. 知识目标

(1)掌握电阻器的分类方法。
(2)了解电阻器的命名方法。
(3)掌握电阻器的阻值标注方法。
(4)掌握电阻器的检测方法及技巧。

2. 技能目标

(1)掌握电阻器的直观识别方法。
(2)掌握电阻器的质量检测方法。

任务相关知识

电阻器(简称电阻)是构成电路的基本元件之一。在电路中起稳定电流、电压作用和作为分压器、分流器用,还可作为消耗电能的负载。电阻器的代表符号为 R,单位是欧姆(符号 Ω)。

图 2-1 是常用电阻器的实物图,图 2-2 是常用电阻器的图形符号图。

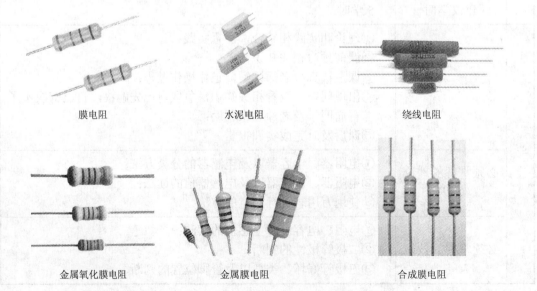

图 2-1 常用电阻器的实物图

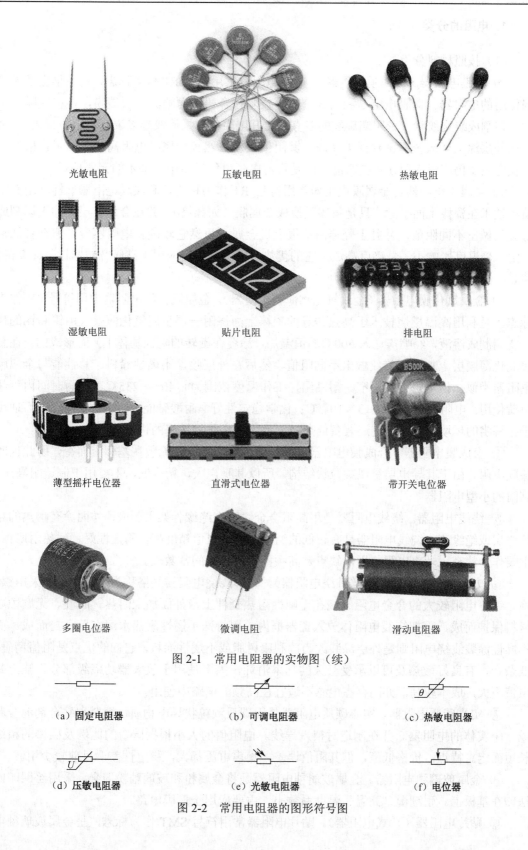

图 2-1 常用电阻器的实物图（续）

图 2-2 常用电阻器的图形符号图

1. 电阻的分类

（1）按照材料分类

① 碳膜电阻器（碳薄膜电阻器）。碳膜电阻器常用符号 RT 作为标志，是最早也是最普遍使用的电阻器。碳膜电阻是利用真空喷涂技术在瓷棒上面喷涂一层碳膜，再将碳膜外层加工切割成螺旋纹状（依照螺旋纹的多寡来定其电阻值，螺旋纹越多表示电阻值越大），最后在外层涂上环氧树脂密封保护而成。其阻值误差虽然较金属膜电阻高，但由于价格低，碳膜电阻器仍广泛应用在各类产品上，是目前电子电气设备中最基本的元器件。

② 金属膜电阻器。金属膜电阻器常用符号 RJ 作为标志，和碳膜电阻器一样利用真空喷涂技术在瓷棒上面喷涂，只是将碳膜换成金属膜（如镍铬），并在金属膜层上加工切割成螺旋纹做出不同阻值，并且于瓷棒两端镀上贵金属。虽然它较碳膜电阻器贵，但杂音低，稳定，受温度影响小，精确度高成了它的优势。因此被广泛应用于高级音响器材、计算机、仪表、国防及太空设备等方面。

③ 金属氧化膜电阻器（金属氧化物薄膜电阻器）。金属氧化膜电阻器常用符号 RY 作为标志。是利用高温燃烧技术于高热传导的瓷棒上面烧附一层金属氧化薄膜（用锡和锡的化合物调制成溶液，经喷雾送入 500℃的恒温炉，涂覆在旋转的陶瓷基体上）而形成的。在金属氧化薄膜层上加工螺旋纹做出不同阻值，然后在外层喷涂不燃性涂料。其性能与金属膜电阻器类似，但电阻值范围窄。耐高温，工作温度范围为+140～+235℃，在短时间内可超负荷使用；电阻温度系数为$±3×10^{-4}/℃$；化学稳定性好。耐酸碱能力强，抗盐雾，因而适用于在恶劣的环境下工作。它还兼备低杂音，稳定，高频特性好的优点。

④ 合成膜电阻器。合成膜电阻器是将导电合成物悬浮液涂敷在基体上而得，因此也叫漆膜电阻。由于其导电层呈现颗粒状结构，所以其噪声大，精度低，主要用于制造耐高压、高阻的小型电阻器。

⑤ 绕线电阻器。绕线电阻器是用高阻合金线绕在绝缘骨架上制成，外面涂有耐热的釉绝缘层或绝缘漆。绕线电阻器具有较低的温度系数，阻值精度高，稳定性好，耐热耐腐蚀，主要作为精密大功率电阻使用，缺点是高频性能差，时间常数大。

⑥ 方形线绕电阻器（钢丝缠绕电阻器）。方形线绕电阻器又俗称为水泥电阻，采用镍、铬、铁等电阻较大的合金电阻线绕在无碱性耐热瓷件上，外面加上耐热、耐湿、无腐蚀之材料保护而成，再把绕线电阻体放入瓷器框内，用特殊不燃性耐热水泥充填密封而成。而不燃性涂装线绕电阻则是外层涂装改为矽利康树脂或不燃性涂料。它们的优点是阻值精确，低杂音，有良好散热及可以承受甚大的功率消耗，大多使用于放大器功率级部分。缺点是阻值不大，成本较高，亦因存在电感不适宜在高频的电路中使用。

⑦ 实心碳质电阻器。实心碳质电阻器是用碳质颗粒状导电物质、填料和黏合剂混合制成一个实体的电阻器。并在制造时植入导线。电阻值的大小根据碳粉的比例及碳棒的粗细长短而定。特点：价格低廉，但其阻值误差、噪声电压都大，稳定性差，目前较少用。

⑧ 金属玻璃釉电阻器。金属玻璃釉电阻器是将金属粉和玻璃釉粉混合，采用丝网印刷法印在基板上。耐潮湿、高温、温度系数小，主要应用于厚膜电路。

⑨ 贴片电阻器（片式电阻器）。贴片电阻器常用符号 SMT 作为标志，是金属玻璃釉电

阻的一种形式，它的电阻体是使用高可靠的钌系列玻璃釉材料经过高温烧结而成，特点是体积小，精度高，稳定性和高频性能好，适用于高精密电子产品的基板中。而贴片排阻则是用多个相同阻值的贴片电阻制作，目的是可有效地限制元件数量，减少制造成本和缩小电路板的面积。

⑩ 无感电阻。无感电阻常用于作为负载，用于吸收产品使用过程中产生的不需要的电量，或起到缓冲、制动的作用，此类电阻常称为 JEPSUN 制动电阻或捷比信负载电阻。

（2）按安装方式分类

按照安装方式的不同，电阻器可以分为插件电阻器和贴片电阻器。

（3）按功能分类

按照功能的不同，电阻器可以分为负载电阻、采样电阻、分流电阻和保护电阻等。

（4）按阻值特性分类

按照阻值特性的不同，电阻器可以分为固定电阻、可调电阻和特种电阻。

① 阻值不能调节的，我们称之为定值电阻或固定电阻。

② 阻值可以调节的，我们称之为可调电阻。常见的可调电阻是滑动变阻器，例如收音机音量调节的装置是个圆形的滑动变阻器，主要应用于电压分配的，我们称之为电位器。

③ 特种电阻器（敏感电阻器）。特种电阻器有压敏电阻器、热敏电阻器、光敏电阻器、磁敏电阻器、气敏电阻器和湿敏电阻器。

压敏电阻器对外界压力变化十分敏感，当压力变大（小）时，其电阻阻值明显地变小（大）。

热敏电阻器是将温度信号转换成电信号的元件，其电阻值随温度升高（降低）显著变小（大）。

光敏电阻器的阻值与光的照射强度有关，当光照强度变大（变小）时，光敏电阻器的阻值就显著减小（增大）。

磁敏电阻器的阻值与所处的磁场的磁感应强度大小有关，当磁场的磁感应强度稍微增大（减弱）时，电阻器的阻值明显变大（减小）。

气敏电阻器与其周围的某种气体的浓度有关，当气体的浓度稍微增大（减小）时，其电阻值会明显减小（增大）。

湿敏电阻器由感湿层、电极和绝缘体组成，根据湿度变化其电阻值会明显变化。

2. 型号命名法

国产电阻器、电位器、电容器型号命名法根据部颁标准（SJ-73）规定，电阻器、电位器的命名由下列四部分组成。

第一部分（主称）：用字母表示，表示电阻的名字。

第二部分（材料）：用字母表示，表示电阻体的组成材料。

第三部分（分类特征）：一般用数字表示，个别类型用字母表示，表示电阻的类型。

第四部分（序号）：用数字表示，表示同类产品中不同品种，以区分产品的外形尺寸和性能指标等。

一般大型电阻器标出材料、阻值、功率、偏差，标的顺序如图 2-3 所示。

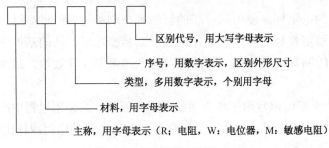

图 2-3 电阻器的型号命名法

小电阻只标阻值与偏差,材料由表体颜色表示,功率由尺寸大小估计。

电阻器和电位器的型号命名法如表 2-1 所示。

表 2-1 电阻器和电位器的型号命名法

第1部分：主称		第2部分：材料		第3部分：特征分类			第4部分：序号
符号	意义	符号	意义	符号	意义		
					电阻器	电位器	
R	电阻器	T	碳膜	1	普通	普通	
W	电位器	H	合成膜	2	普通	普通	
		S	有机实心	3	超高频	—	
		N	无机实心	4	高阻	—	
		J	金属膜	5	高温	—	
		Y	氧化膜	6	—	—	对主称、材料相同,仅性能指标、尺寸大小有差别,但基本不影响互换使用的产品,给予同一序号；若性能指标、尺寸大小明显影响互换使用时,则在序号后面用大写字母作为区别代号
		C	沉积膜	7	精密	精密	
		I	玻璃釉膜	8	高压	特殊函数	
		P	硼碳膜	9	特殊	特殊	
		U	硅碳膜	G	高功率	—	
		X	线绕	T	可调	—	
		M	压敏	W	—	微调	
		G	光敏	D	—	多圈	
		R	热敏	B	温度补偿用	—	
				C	温度测量用	—	
				P	旁热式	—	
				W	稳压式	—	
				Z	正温度系数	—	

3. 固定电阻器

固定电阻器的主要参数有标称阻值、允许误差和额定功率等。

（1）标称阻值

标称阻值即标注在电阻器上的电阻值。单位有 Ω，kΩ，MΩ。标称值是根据国家制定的标准系列标注的。

常见标称值系列如表 2-2 所示。

表 2-2 常见标称值系列

允许误差	E24 ±5%	E12 ±10%	E6 ±20%	E24 ±5%	E12 ±10%	E6 ±20%
阻值系列	1.0	1.0	1.0	3.3	3.3	3.3
	1.1			3.6		
	1.2	1.2		3.9	3.9	
	1.3			4.3		
	1.5	1.5	1.5	4.7	4.7	4.7
	1.6			5.1		
	1.8	1.8		5.6	5.6	
	2.0			6.2		
	2.2	2.2	2.2	6.8	6.8	6.8
	2.4			7.5		
	2.7	2.7		8.2	8.2	
	3.0			9.1		

（2）允许误差

电阻器的实际阻值对于标称值的最大允许偏差范围，即标称阻值与实际阻值的差值跟标称阻值之比的百分数，称为允许误差。

电阻的精度等级如表 2-3 所示。

表 2-3 电阻的精度等级

偏差百分数%	±0.1	±0.25	±0.5	±1	±5	±10	±20	+20 −10
字母代号	B	C	D	F	J	K	M	
曾用符号				0	I	II	III	IV
备 注	精密元件			一般元件				

（3）额定功率

额定功率指在规定的环境温度下，假设周围空气不流通，在长期连续工作而不损坏或基本不改变电阻器性能的情况下，电阻器上所允许消耗的最大功率。

电阻器的额定功率不是电阻器在实际工作时所必须消耗的功率，而是电阻器在工作时，允许消耗功率的限制。

在线路图中，常用图 2-4 所示的符号表示电阻器及其功率（功率不小于 1W 的电阻器，一律以阿拉伯数字标出）。

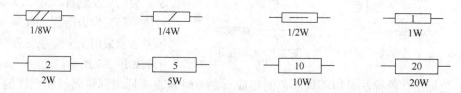

图 2-4 电阻器额定功率的符号表示

常用电阻器功率与外形尺寸如表 2-4 所示。

表 2-4 常用电阻器功率与外形尺寸

名　称	型　号	额定功率/W	外形尺寸/mm	
			最大直径	最大长度
超小型碳膜电阻	RT13	0.125	1.8	4.1
小型碳膜电阻	RTX	0.125	2.5	6.4
碳膜电阻	RT	0.25	5.5	18.5
碳膜电阻	RT	0.5	5.5	28.0
碳膜电阻	RT	1	7.2	30.5
碳膜电阻	RT	2	9.5	48.5
金属膜电阻	RJ	0.125	2.2	7.0
金属膜电阻	RJ	0.25	2.8	8.0
金属膜电阻	RJ	0.5	4.2	10.8
金属膜电阻	RJ	1	6.6	13.0
金属膜电阻	RJ	2	8.6	18.5

注：有些 RT 型电阻的型号后标有 0.25，0.5 等数值，如 RT0.25，RT0.5 等，该数值表示额定功率。

（4）阻值的标注方法

① 直标法。直标法是用数字和单位符号在电阻器表面标出阻值，其允许误差直接用百分数表示，若电阻上未注偏差，则均为±20%。直标法中可用单位符号代替小数点。直标法示例如图 2-5 所示。

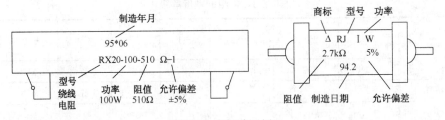

图 2-5　直标法示例

直标法一目了然，但只适用于较大体积元件，且国际上不能通用。

② 文字符号法。文字符号法是用阿拉伯数字和文字符号两者有规律的组合来表示标称阻值的，其允许偏差也用文字符号表示。符号前面的数字表示整数阻值，后面的数字依次表示第一位小数阻值和第二位小数阻值。文字符号法示例如图 2-6 所示。

③ 数码法。数码法是在电阻器上用三位数码表示标称值的表示方法。数码从左到右，第一、二位为有效值，第三位为指数，即零的个数，偏差通常采用文字符号表示。数码法示例如图 2-7 所示。

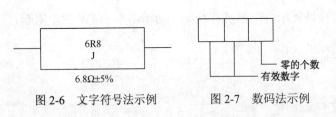

图 2-6　文字符号法示例　　图 2-7　数码法示例

④ 色标法。色标法是用不同颜色的带或点在电阻器表面标出标称阻值和允许偏差。国外电阻大部分采用色标法。用色标法表示阻值的电阻分两种：分别为四环电阻和五环电阻。

当为四环时，最后一环必为金色或银色，前两位为有效数字，第三位为乘方数，第四位为偏差。

当为五环时，最后一环与前面四环距离较大。前三位为有效数字，第四位为乘方数，第五位为偏差。

用于电阻标注时，还常用背景颜色区分材料，用浅色（淡绿色、浅棕色）表示碳膜电阻，红色（或浅蓝色）表示金属膜或氧化膜电阻，深绿色表示线绕电阻。色标法示例如图 2-8 所示，数值的读取方法如图 2-9 所示。

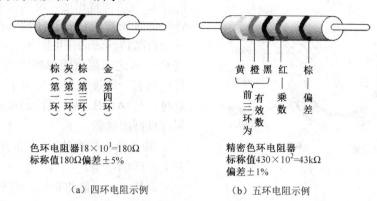

（a）四环电阻示例　　　　（b）五环电阻示例

图 2-8　色标法示例

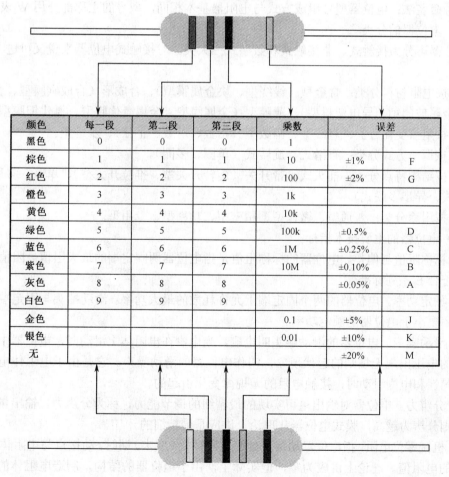

图 2-9　色标法数值的读取方法

4. 电位器

电位器是一种阻值可调的电阻器，是由可变电阻器演变而来的，一般均由电阻体、滑动臂、转柄（滑柄）、外壳及焊片等构成，如图2-10所示。焊片A、B与电阻体两端相连，其阻值为电位器的最大阻值，是一个固定值。焊片C与滑动臂相连，滑动臂是一个有一定弹性的金属片，它靠弹性紧压在电阻片上。滑动臂随转柄转动在电阻体上滑动。C与A或C与B之间阻值随滑柄转动而变化，电阻片两端有一段涂银层，是为了让滑臂滑到端点时，与A、B焊片之间的电阻为最小，并保持良好的接触。

除普通电位器外，还有带开关的电位器，开关由转柄控制。

习惯上，一般将带柄、有外壳的可调电阻叫电位器，不带柄的或无外壳的叫微调电阻，又叫预调电阻。

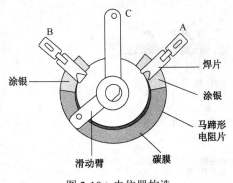

图 2-10　电位器构造

型号命名法：电位器型号组成方式与电阻器基本相同，型号的主称部分用 W 表示。

（1）电位器的分类

电位器可分为接触式、非接触式和数字式三大类。对接触式电位器来说又可进一步细分如下。

① 按电阻材料分类：合金型（线绕型、块金属膜型）、合成形（合成碳膜型、合成实心型、金属玻璃釉、导电塑料型）、薄膜型（金属膜型、金属氧化膜型、氮化钽膜型）。

② 按阻值变化分类：直线型、函数型（指数、对数、正弦）、步进型。

③ 按调节方式分类：直滑式、旋转式（单圈、多圈）。

④ 按结构特点分类：抽头式、带开关（旋转开关型、推拉开关型）、单联、多联（同步多联式、异步多联式）。

⑤ 按用途分类：普通型、微调型、精密型、功率型、专用型。

（2）电位器的主要技术指标

① 标称阻值与偏差。电位器的标称阻值是指电位器两固定端的最大阻值。阻值系列及偏差要符合 E 系列标准。

② 额定功率。电位器的两个固定端上允许耗散的最大功率。滑动抽头与固定端所能承受的功率要小于电位器的额定功率。

③ 滑动噪声。电位器的滑动触头叫电刷，当电刷在电阻体上滑动时，电位器中心端与固定端的电压出现无规则的起伏现象，叫作电位器的滑动噪声。它是由于电阻体电阻率分布不均匀性和电刷滑动时，接触电阻的无规律变化引起的。

④ 分辨力。电位器对输出量可实现的最精细的调节能力，称为分辨力。输出量变化越细微，则分辨力越高，膜式电位器从理论上讲应是最精细的。

⑤ 机械零位电阻。指电位器动接点处于电阻体始（或末）端时，动接点与电阻体始（末）端之间的电阻值。理论上讲应为零，但实际上，由于电位器的结构，制造电阻体的材料及工艺等因素的影响，常常不为零，而是有一定的阻值，此阻值叫零位电阻。

⑥ 阻值变化规律。常用电位器阻值变化规律有三种：直线式（A）、对数式（B）、反转对数式（C）。

5. 检测方法与技巧

（1）用指针万用表检测电阻

① 选择测量挡位与量程。将表盘旋钮打到"Ω"挡，通常100Ω以下电阻选择R×1或R×10量程，1~10kΩ选择R×10或R×100量程，10~100kΩ选择R×1k或R×10k量程。

② 调零。用一只手将两支表笔短接，另一只手调节"调零旋钮"，使表针指示在刻度盘右端的"0"位上。

③ 测量阻值。将两支表笔分别稳定接触电阻的两个电极，并从欧姆刻度上读取指针指示的数据，再将该数据乘以量程值即为所测的电阻值。

【工程经验】
若指针太偏右（读数过小），应换一个稍低的量程重测；若指针太偏左（读数过大），应换一个稍高的量程重测。尽量使指针指示在刻度盘中间的位置，每换一次量程，都需要重新"调零"。不能用双手同时捏住电阻（或表笔）的两极，以防人体电阻与被测电阻并联产生测量误差。

④ 好坏判断。所测阻值与标称阻值约相等，说明该电阻正常；若相差太大，远远超过允许偏差范围，说明该电阻已坏；若在各量程指针均不偏转，说明电阻内部已开路。

（2）用数字万用表检测电阻

① 选择测量挡位与量程。通常200Ω以下电阻选择200量程，200~2kΩ选2k量程，2~200kΩ选200k量程，大于200kΩ电阻选2M量程，以此类推。

② 测量阻值。将两支表笔分别稳定接触电阻的两个电极，此时表屏上显示的数字即为被测电阻的阻值。

③ 好坏判断。所测结果与标称阻值约相等，说明该电阻是好的；反之，说明质量有问题。

【工程经验】
若读数显示为"1"（表示超量程），说明量程选得低了，可打到稍高量程重测一下；若无论选哪个量程测量，都显示"1"，说明被测电阻已开路损坏；若显示"00.0"，可能是量程选得过大引起的。

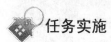

任务实施

1. 任务实施器材

（1）万用表一块/组。
（2）电阻器若干/组。

2. 任务实施步骤

操作提示：
（1）被测电阻必须与电路断开。

（2）万用表测量电阻时，每换一次挡位必须进行欧姆调零。

操作题目 1：固定电阻器的直观识别

操作方法：

对固定电阻器的类别、阻值大小和允许误差进行直观识别，将识别结果填入表 2-5 中。

表 2-5　固定电阻器的直观识别记录表

序 号	电阻底色	电阻器类别	阻值标注方法	标 称 阻 值	误差表示方法	误 差 大 小
1						
2						
3						
4						
5						

操作题目 2：固定电阻器的质量检测

操作方法：

用万用表对固定电阻器进行测量，对各个电阻的标称阻值和实际测量阻值进行比较，测量和比较结果填入表 2-6 中。

表 2-6　固定电阻器的质量检测记录表

序 号	电阻类型	电阻标称阻值	电阻实际测量阻值	标称阻值误差	实际阻值误差
1					
2					
3					
4					
5					

操作题目 3：电位器的直观识别和质量检测

操作方法：

先对各种电位器进行直观识别，再用万用表对其阻值进行测量，将标称阻值和实际测量阻值进行比较，将测量结果填入表 2-7 中。

表 2-7　电位器的直观识别和质量检测记录表

序 号	电位器类型	标 称 阻 值	实际测量阻值	标称阻值误差	实际阻值误差
1					
2					
3					
4					
5					

任务考核与评价（表 2-8）

表 2-8 电阻器识别测试考核

任 务 内 容	配 分	评 分 标 准		自 评	互 评	教 师 评
固定电阻器的直观识别	30	①电阻一	6 分			
		②电阻二	6 分			
		③电阻三	6 分			
		④电阻四	6 分			
		⑤电阻五	6 分			
固定电阻器的质量检测	30	①电阻一	6 分			
		②电阻二	6 分			
		③电阻三	6 分			
		④电阻四	6 分			
		⑤电阻五	6 分			
电位器的直观识别和质量检测	40	①电阻一	8 分			
		②电阻二	8 分			
		③电阻三	8 分			
		④电阻四	8 分			
		⑤电阻五	8 分			
定额时间	45min	每超过 5min	扣 10 分			
开始时间		结束时间		总评分		

任务 2　电容器的识别与使用

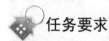
任务要求

通过对电容器的直观识别和质量检测，要求学生识别电容器，掌握电容器的检测方法。

1. 知识目标

（1）掌握电容器的分类方法。
（2）了解电容器的命名方法。
（3）掌握电容器的容值标称方法。
（4）掌握电容器的检查方法。

2. 技能目标

（1）掌握电容器的直观识别方法。
（2）掌握电容器的质量检查方法。

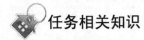 **任务相关知识**

电容器简称电容,在电路中多用来滤波、隔直、耦合交流、旁路交流及与电感元件构成振荡电路等,也是电路中应用最多的元件之一。

1. 电容器的种类

电容器按结构可分为固定电容器和可变电容器,可变电容器中又有半可变(微调)电容器和全可变电容器之分。电容器的代表符号为 C,单位是法拉(符号 F)。1F=1000000μF(微法),1μF=1000000pF(皮法)。

电容器按材料介质可分为气体介质电容器、纸介电容器、有机薄膜电容器、瓷介电容器、云母电容器、玻璃釉电容器、电解电容器、钽电容器等。

电容器还可分为无极性和有极性电容。

电容器的实物图如图 2-11 所示,图形符号如图 2-12 所示。电容器的种类和特点及用途如表 2-9 所示。

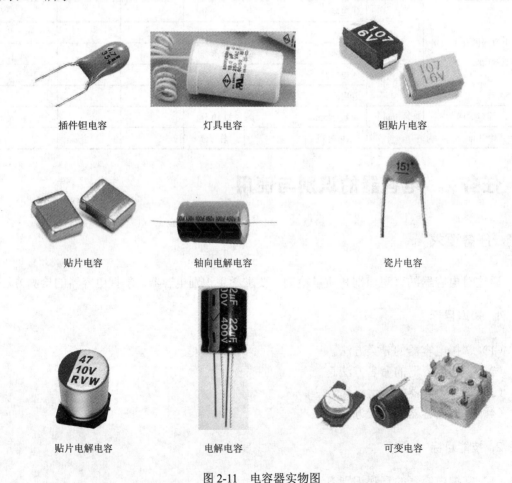

图 2-11 电容器实物图

图 2-12　电容器符号图

表 2-9　电容器的种类和特点及用途

种　类	特　点	用　途
无机介质电容器：如云母、陶瓷、玻璃釉……	稳定性好、结构简单、不易老化、但容量小	高频电路
有机介质电容器：如纸介、聚苯乙烯、漆膜……	机械强度高、电容量及工作电压范围广、但易老化、稳定性差	一般电路中
电解电容器：如铝电解电容、钽电解电容……	体积小，重量轻，容量大，但工作电压低，损耗大，频率及温度特性差	整流、滤波及旁路电容和耦合电容

电解电容是目前用得较多的电容器，它体积小、耐压高，是有极性电容；正极是金属片表面上形成的一层氧化膜，负极是液体、半液体或胶状的电解液。因其有正、负极之分，一般工作在直流状态下，如果极性用反，将使漏电流剧增，在此情况下，电解电容将会急剧变热而使电容损坏，甚至引起爆炸。常见的有铝电解电容和钽电解电容两种，铝电解电容有铝制外壳，钽电解电容没用外壳，钽电解电容体积小，价格昂贵。电解电容大多用于电源电路中，对电源进行滤波。铝电解电容采用负极标注，就是在负极端进行明显的标注，一般是从上到下的黑或者白条，条上印有"-"标记。新购买的铝电解电容正极的引脚要长于负极引脚。钽电解电容采用正极标记，在正极上用黑线注明"+"。

2. 电容器型号的命名

国产电容器的型号一般由四部分组成（不适用于压敏、可变、真空电容器）。依次分别代表名称、材料、分类和序号。如图 2-13 所示。

第一部分：名称，用字母表示，电容器用 C。
第二部分：材料，用字母表示。
第三部分：分类，一般用数字表示，个别用字母表示。
第四部分：序号，用数字表示。

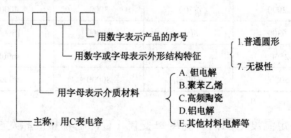

图 2-13　电容器的型号命名法

3. 电容器容量的标称方法

电容器常用的容量标称方法有直标法、文字符号法、数码法和色标法四种。

① 直标法。直标法是在产品的表面上直接标出产品的主要参数和技术指标,如在电容器上标注"47μF25V",表示电容的容值是47μF,耐压值是25V。

② 文字符号法。用数字和文字符号有规律的组合来表示容量。如p10表示0.1pF,1p0表示1pF,6p8表示6.8pF,2μ2表示2.2μF。

③ 数码法。体积较小的电容器常用数码法。一般用3位整数表示,第一和第二位为有效数字,第三位表示有效数字后面零的个数,单位为皮法(pF),但当第三位数是9时表示10^{-1},如"105"表示容量为1μF;"339"表示容量为3.3pF。

④ 色标法。电容器的色标法是用色环或色点表示电容器的主要参数,原则上与电阻器相同,其单位为皮法(pF)。

4. 电容器的主要参数

(1) 标称容量与允许误差

实际电容量和标称电容量允许的最大偏差范围,一般分为3级:1级±5%,2级±10%,3级±20%。在有些情况下,还有0级,误差为20%±2%。

精密电容器的允许误差较小,而电解电容器的误差较大,它们采用不同的误差等级。

常用的电容器其精度等级和电阻器的表示方法相同。

(2) 额定工作电压

额定工作电压是指在规定的工作温度范围内,电容器在电路中连续工作而不被击穿的加在电容器上的最大有效值,又称耐压。对于结构、介质、容量相同的器件,耐压越高,体积越大。

电容器的额定电压系列如表2-10所示,表中单位为伏(V),其中带括弧者仅为电解电容所用。

表2-10 电容器的额定电压系列值

1.6	4	6.3	10	16	1.6
25	(32)	40	(50)	63	25
100	(125)	160	250	(300)	100
400	(450)	500	630	1000	400
1600	2000	2500	3000	4000	1600
5000	6300	8000	10000	15000	5000
20000	25000	30000	35000	40000	20000
45000	50000	60000	80000	100000	45000

(3) 温度系数

这个系数指在一定温度范围内,温度每变化1℃,电容量的相对变化值。一般常用αC表示电容器随温度变化的特性:

$$\alpha C = \frac{C_2 - C_1}{C_1(t_2 - t_1)} = \frac{1}{C}\frac{\Delta C}{\Delta t}$$

一般情况下,温度系数越小越好。

（4）漏电流和绝缘电阻

由于电容器中的介质并非完全的绝缘体，因此，任何电容器工作时，都存在漏电流。漏电流过大，会使电容器性能变坏，甚至失效；电解电容还会爆炸。

常用绝缘电阻表示绝缘性能，一般电容器绝缘电阻都在数百兆欧到数吉欧数量级。相对而言，绝缘电阻越大越好，漏电也小。

（5）损耗因数

在电场的作用下，电容器在单位时间内发热而消耗的能量即为损耗。这些损耗主要来自介质损耗和金属损耗。包括有功损耗 P 和无功损耗 P_q。有功损耗与无功损耗之比即为损耗因数，通常用损耗角正切值来表示。

$\tan\delta$ 越小，则电容质量越好，一般为 $10^{-2} \sim 10^{-4}$ 量级。

（6）频率特性

频率特性即电容器的电参数随电场频率而变化的性质。

在高频条件下工作的电容器，由于介电常数在高频时比低频时小，电容量也相应减小，损耗也随频率的升高而增加。另外，在高频工作时，电容器的分布参数，如极片电阻、引线和极片间的电阻、极片的自身电感、引线电感等，都会影响电容器的性能。这使得电容器的使用频率受到限制。

不同品种的电容器，最高使用频率不同。小型云母电容器在 250MHz 以内；圆片形瓷介电容器为 300MHz；圆管形瓷介电容器为 200MHz；圆盘形瓷介可达 3000MHz；小型纸介电容器为 80MHz；中型纸介电容器只有 8MHz。

5. 电容器的检查

容量小于 5100pF 的电容器，用万用表无法检查，可用一节 1.5V 电池和一个耳机与被测电容串联进行检查。当用电容的一个引脚碰电池正极或负极时，耳机内听到"咔啦"声，说明电容正常，如无声说明断路。短路时，可用万用表测出。

对于容量大于 5100pF 的电容器，用万用表电阻挡（小电容用 R×10k 挡，超过 1μF 的用 R×1k 挡）测电容的两引线，若万用表指针先向右摆动，然后再慢慢回到左端（充电现象），说明电容正常；如果向右摆后不回来，或回不到左端，说明电容漏电；如果指针不摆动，说明已断路。

一个质量好的电容器，用相同的电阻挡位，容量越大，摆动幅度越大。

测电解电容时，要注意极性。正确测量方法是：用指针式万用表 R×1k 或 R×10k 挡，让黑表笔接（表内电池正极）电容"+"极，红表笔接电容负极，表针向右摆动后，然后慢慢回摆，直至回到最左端（电容越大，回摆时间越长，可长至几分钟），再测时，应将电容放电后再测。

当回不到最左端时，说明电容漏电；无摆动时，电容失效。如果测反了，表针将回不到最左端（反接时漏电）。电解电容外壳上有正负极标志，如不清，一般长腿为正极。

当电解电容器引线的极性无法辨别时，可以根据电解电容器正向连接时绝缘电阻大，反向连接时绝缘电阻小的特征来判别：用万用表红、黑表笔交换来测量电容器的绝缘电阻，绝缘电阻大的一次，连接表内电源正极的表笔所接的就是电容器的正极（指针式万用表是黑表笔，数字式万用表是红表笔），另一极为负极。

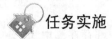 任务实施

1. 任务实施器材

(1) 万用表一块/组。
(2) 各种电容器若干/组。

2. 任务实施步骤

操作题目 1：电容器的直观识别

操作方法：
对电容器的类别、容值大小和允许误差进行直观识别，将识别结果填入表 2-11 中。

表 2-11 电容器的直观识别记录表

序 号	电容底色	电容器类别	容值标称方法	标 称 容 值	误差表示方法	误 差 大 小
1						
2						
3						
4						
5						

操作题目 2：普通电容器的检查

操作方法：
(1) 容量小于 5100pF 电容器的检查，将检查结果填入表 2-12 中。
(2) 容量大于 5100pF 电容器的检查，将检查结果填入表 2-12 中。

表 2-12 普通电容器的检查记录表

序 号	电容容值	好坏判断	序 号	电容容值	好坏判断
1			4		
2			5		
3			6		

操作题目 3：电解电容器的检查

操作方法：
(1) 电解电容极性的判断，将检查结果填入表 2-13 中。
(2) 电解电容的检查，将检查结果填入表 2-13 中。

表 2-13 电解电容器的检查记录表

序 号	电容容值	极性判断	好坏判断	序 号	电容容值	极性判断	好坏判断
1				4			
2				5			
3				6			

任务考核与评价（表2-14）

表2-14 电容器识别测试考核

任 务 内 容	配 分	评 分 标 准		自 评	互 评	教 师 评
电容器的直观识别	40	①电容一	8分			
		②电容二	8分			
		③电容三	8分			
		④电容四	8分			
		⑤电容五	8分			
普通电容器的检查	30	①容值的识读	12分			
		②好坏的判断	18分			
电解电容器的检查	30	①容值的识读	12分			
		②极性的判断	6分			
		③好坏的判断	12分			
定额时间	45min	每超过5min	扣10分			
开始时间		结束时间		总评分		

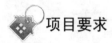

任务3　电感器的识别与使用

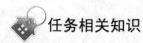项目要求

通过对电感器的直观判断和质量检测，要求学生识别电感器，掌握电感器好坏的判断方法。

1. 知识目标

（1）掌握电感器的分类方法。
（2）了解电感器的命名方法。
（3）掌握电感器的检测方法及技巧。

2. 技能目标

（1）掌握电感器的直观判断方法。
（2）掌握电感器的质量检测方法。

任务相关知识

电感器（简称电感）是由导线在绝缘管上单层或多层绕制而成的，导线彼此互相绝缘，而绝缘管可以是空心的，也可以包含铁芯或磁粉芯。

电感器的代表符号是L，单位是亨利（H）、毫亨利（mH）、微亨利（μH），换算关系：

$1H=10^3 mH=10^6 \mu H$。

电感器的符号如图 2-14 所示。

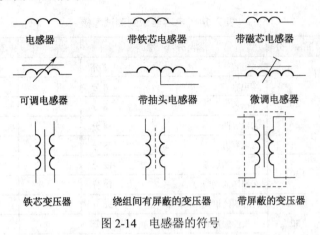

图 2-14 电感器的符号

1. 电感器的作用

在电子元件中，电感通常分为两类，一类是应用自感作用的线圈，另一类是应用互感作用的变压器。

（1）作为线圈：主要作用是滤波、聚焦、偏转、延迟、补偿、与电容配合用于调谐、陷波、选频、振荡。

（2）作为变压器：主要用于耦合信号、变压、阻抗匹配等。

2. 电感器的分类

按电感形式分类：固定电感、可变电感和微调电感。

按导磁体性质分类：空心线圈、铁氧体线圈、铁芯线圈和铜芯线圈。

按工作性质分类：天线线圈、振荡线圈、扼流线圈、陷波线圈和偏转线圈。

按形状分：线绕电感（单层线圈、多层线圈及蜂房线圈）和平面电感（印制板电感、片状电感）。

按工作频率分类：高频线圈、中频电感和低频线圈。

按功能分类：振荡线圈、扼流圈、耦合线圈、校正线圈和偏转线圈。

3. 电感器的主要参数

（1）标称电感量及偏差

标称电感量符合 E 系列标准，偏差一般在 $\pm 5 \sim \pm 20\%$。

（2）感抗 XL

电感线圈对交流电流阻碍作用的大小称感抗 XL，单位是欧姆。它与电感量 L 和交流电频率 f 的关系为 $XL=2\pi fL$。

（3）分布电容与直流电阻

线圈的匝与匝间、线圈与屏蔽罩间、线圈与底板间存在的电容称为分布电容。分布电容

的存在使线圈的 Q 值减小,稳定性变差,故分布电容越小越好。在绕制时,常采用间绕法、蜂房绕法,以减小分布电容。而线圈是由导线绕成的,导线存在一定的直流电阻。直流电阻的存在,会使线圈损耗增大,品质因数降低。在绕制时,常用加粗导线来减小直流电阻。

(4) 品质因数 Q

品质因数 Q 是表示线圈质量的一个重要参数,品质因数在数值上等于线圈在某一频率的交流信号通过时,线圈所呈现的感抗和线圈的直流电阻的比值,即:

$$Q=XL/R$$

线圈的 Q 值越高,回路的损耗越小。线圈的 Q 值与导线的直流电阻、骨架的介质损耗、屏蔽罩或铁芯引起的损耗、高频趋肤效应的影响等因素有关。线圈的 Q 值通常为几十到几百。

(5) 额定电流

线圈长时间工作所允许通过的最大电流。在如高频扼流圈、大功率谐振线圈,以及作滤波用的低频扼流圈等场合,工作时需通过较大的电流,选用时应注意。

(6) 稳定性

线圈产生几何变形,温度变化引起的固有电容和漏电损耗增加,都会影响电感线圈的稳定性。电感线圈的稳定性,通常用电感温度系数 αL 和不稳定系数 βL 来衡量,αL、βL 越大表示线圈稳定性越差。

温度对电感量的影响,主要是导线热胀冷缩及几何变形引起的。为减小这一影响,一般采用热绕法(绕制时将导线加热,冷却后导线收缩,紧紧贴合在骨架上),或烧渗法(在线圈的陶瓷骨架上,烧渗一层银薄膜,代替导线),保证线圈不变形。

4. 电感器的型号、规格及命名

电感器的命名方法如图 2-15 所示,它由 4 部分组成。

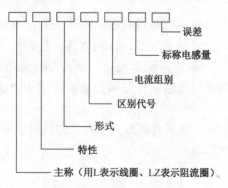

图 2-15 电感器的命名方法

特性:一般用 G 表示高频,低频一般不标。
型式:用字母或数字表示。X—小型;1—轴向引线(卧式);2—同向引线(立式)。
区别代号:用字母表示,一般不标。
电流组别:用字母表示,A(50mA)、B(150mA)、C(300mA)、D(700mA)、E(1600mA)。
标称电感量:符合 E 系列标准,直接用文字标注或数码标出(用数码标出时单位为 μH)。
误差:用字母表示。

5. 常见电感器介绍

(1) 色环电感

色环电感(色码电感):是指在电感器表面涂上不同的色环来代表电感量(与电阻器类似)的电感。通常用四色环表示,紧靠电感体一端的色环为第一环,露着电感体本色较多的另一端为末环。其第一色环表示十位数,第二色环表示个位数,第三色环为应乘的倍数(单位为 mH),第四色环为误差率。色环电感器的实物图如图 2-16 所示。

色环电感器的基本特征为:

① 结构坚固,成本低廉,适合自动化生产。
② 特殊铁芯材质,高 Q 值及自共振频率。
③ 外层用环氧树脂处理,可靠度高。
④ 电感范围大,可自动插件。

(2) 扼流线圈

扼流线圈又称为扼流圈、阻流线圈、差模电感器,是用来限制交流电通过的线圈,分高频阻流圈和低频阻流圈。采用开磁路构造设计,有结构性能佳、体积小、高 Q 值、低成本等特点。扼流线圈的实物图如图 2-17 所示。

图 2-16 色环电感器的实物图

图 2-17 扼流圈的实物图

扼流线圈的作用是利用线圈电抗与频率成正比的关系,可扼制高频交流电流,让低频和直流通过。根据频率高低,采用空气芯、铁氧体芯、硅钢片芯等。用于整流时称"滤波扼流圈";用于扼制声频电流时称"声频扼流圈";用于扼制高频电流时称"高频扼流圈"。用于"通直流、阻交流"的电感线圈叫作低频扼流圈,用于"通低频、阻高频"的电感线圈叫做高频扼流圈。

扼流线圈主要用在影印机、显示监视器、手机、游戏机、彩色电视、摄影机、微波炉、照明设备和汽车电子产品等之中。

(3) 贴片电感

贴片电感又称为功率电感、大电流电感、表面贴装高功率电感。贴片电感的实物图如图 2-18 所示。

贴片电感有以下特点:

① 平底表面适合表面贴装。
② 优异的端面强度,良好的焊锡性。
③ 具有较高 Q 值、低阻抗。
④ 低漏磁,低直电阻,耐大电流。

⑤ 可提供编带包装，便于自动化装配。

贴片电感主要用在计算机显示板卡上及用于脉冲记忆程序设计等。

（4）共模电感

共模电感也叫共模扼流圈，是在一个闭合磁环上，对称绕制方向相反、匝数相同的线圈，如图 2-19 所示。信号电流或电源电流在两个绕组中流过时方向相反，产生的磁通量相互抵消，扼流圈呈现低阻抗。共模噪声电流流经两个绕组时方向相同，产生的磁通量同向相加，扼流圈呈现高阻抗，从而起到抑制共模噪声的作用。

共模电感实质上是一个双向滤波器：一方面要滤除信号线上共模电磁干扰，另一方面又要抑制本身不向外发出电磁干扰，避免影响同一电磁环境下其他电子设备的正常工作。

共模扼流圈可以传输差模信号，直流和频率很低的差模信号都可以通过。而对于高频共模噪声则呈现很大的阻抗，发挥了一个阻抗器的作用，所以它可以用来抑制共模电流干扰。

（5）磁珠电感

磁珠由氧磁体组成，电感由磁芯和线圈组成。磁珠把交流信号转化为热能，电感把交流存储起来，缓慢地释放出去，如图 2-20 所示。

图 2-18　贴片电感的实物图　　图 2-19　共模电感的实物图　　图 2-20　磁珠电感的实物图

磁珠对高频信号才有较大阻碍作用，一般规格为 100Ω/100MHz，它在低频时电阻比电感小得多。

铁氧体磁珠是目前应用发展很快的一种抗干扰元件，廉价、易用，滤除高频噪声效果显著。在电路中只要导线穿过它，即当导线中电流穿过时，铁氧体对低频电流几乎没有什么阻抗，而对较高频率的电流会产生较大衰减作用。高频电流在其中以热量形式散发，其等效电路为一个电感和一个电阻串联，两个元件的值都与磁珠的长度成比例。

（6）平面电感器

平面电感器是在陶瓷或微晶玻璃基片上沉积金属导线而成，主要采用真空蒸发、光刻电镀以及塑料包封等工艺，平面电感器的电感量较小。它具有较高的稳定性和精度，可用于几十兆到几百兆的电路中。

（7）振荡线圈

振荡线圈是无线电接收设备中的主要元件之一，其结构由磁芯、磁罩（磁帽）、塑料骨架和金属屏蔽罩组成，线圈绕在塑料骨架（或磁芯）上，磁芯或磁帽可调整，能在±10%范围内改变线圈的电感量。广泛应用于调幅/调频收音机、电视接收机等设备中。

（8）罐形磁芯线圈

罐形磁芯线圈是一种用铁氧体罐形磁芯制作的电感器，磁路闭和好，具有较高的磁导率和电感系数，在较小的体积下，可制出较大的电感，多用于 LC 滤波器，谐振及匹配回路等。

(9）变压器

变压器是利用互感现象的电感器，在电路中起电压变换和阻抗变换的作用。

按用途可分为：电源变压器、隔离变压器、调压器、输入/输出变压器（音频变压器、中频变压器、高频变压器）、脉冲变压器。

按导磁材料可分为：硅钢片变压器、低频磁芯变压器、高频磁芯变压器。

按铁芯形状可分为：E 型变压器、C 型变压器、R 型变压器、O 型变压器。

由于生产厂家不同，对变压器的标志方法也不相同，一般由三部分组成：

第一部分为主称，是按用途区分的，用一或二个字母组成，DB 表示电源变压器，CB 表示音频输出变压器，RB 表示音频输入变压器，GB 表示高压变压器等。

第二部分表示功率，单位为 VA 或 W。

第三部分是序号。

主要特征参数：

变压比（或变阻比）是变压器初级电压（阻抗）与次级电压（阻抗）的比值，通常直接标出。

额定功率是变压器在指定频率和电压下能长期连续工作，而不超过规定温升的输出功率，一般用伏安、瓦或千瓦表示。

6. 电感的检测方法与技巧

（1）从外观检查

从电感线圈外观查看是否有破裂现象、线圈是否有松动、变位的现象，引脚是否牢靠。并查看电感器的外表上是否有电感量的标称值。还可进一步检查磁芯旋转是否灵活，有无滑扣等。

（2）用万用表检测通断情况

① 色码电感的检测。将万用表置于 R×1 挡，用两表笔分别碰接电感线圈的引脚。

当被测的电感器电阻值为 0Ω 时，说明电感线圈内部短路，不能使用。

如果测得电感线圈有一定阻值，说明正常。电感线圈的电阻值与电感线圈所用漆包线的粗细、圈数多少有关。电阻值是否正常可通过相同型号的正常值进行比较。

当测得的阻值为无穷大时，说明电感线圈或引脚与线圈接点处发生了断路，此时不能使用。

② 对振荡线圈的检测。由于振荡线圈有底座，在底座下方有引脚，检测时首先应弄清各引脚与哪个线圈相连。然后用万用表的 R×1 挡，测一次绕组或二次绕组的电阻值，如有阻值且比较小，一般就认为是正常的。如果阻值为 0 则是短路，如果阻值为 ∞ 则是断路。

由于振荡线圈置于屏蔽罩内，因此还要检测一、二次绕组与屏蔽罩之间的电阻值，其方法是选万用表的 R×10k 挡，用一支表笔接触屏蔽罩，另一支表笔分别接触一、二次绕组的各引脚。若测得的阻值为 ∞，说明正常，如果阻值为 0，则有短路现象，若阻值小于 ∞ 但大于 0，说明有漏电现象。

（3）通过测定 Q 值来检测

在选择和使用电感线圈时，首先要想到线圈的检查测量，而后再去判断线圈的质量好坏和优劣。欲准确检测电感线圈的电感量和品质因数 Q，一般均需要专门仪器，而且测试方法较为复杂。在实际工作中，一般不进行这种检测，仅进行线圈的通断检查和 Q 值的大小判断。可先利用万用表电阻挡测量线圈的直流电阻，再与原确定的阻值或标称阻值相比较，如果所测阻值比原确定阻值或标称阻值增大许多，甚至指针不动（阻值趋向无穷大），可判断线圈断线；若所测阻值极小，则可判定是严重短路，如果局部短路，测试时很难比较出来。当有上述情况出现，可以判定此线圈是坏的，不能用。如果检测电阻与原确定的或标称阻值相差不大，可判定此线圈是好的。

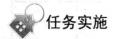任务实施

1. 任务实施器材

（1）万用表一块/组。
（2）电感器若干/组。

2. 任务实施步骤

操作题目 1：电感器的直观判断

操作方法：
对电感器进行直观判断，初步确定其好坏。将判断结果填入表 2-15 中。

表 2-15　电感器的检测记录表

序　号	直观判断结果	万用表检测通断结果	Q 值检测结果
1			
2			
3			
4			
5			

操作题目 2：用万用表检测通断情况

操作方法：
（1）检测色码电感，将检查结果填入表 2-15 中。
（2）检测振荡线圈，将检查结果填入表 2-15 中。

操作题目 3：通过测定 Q 值来检测

操作方法：
进行线圈的通断检查和 Q 值的大小判断，来确定电感器的好坏，将检查结果填入表 2-15 中。

任务考核与评价（表2-16）

表2-16 电感器识别测试考核

任 务 内 容	配 分	评 分 标 准		自 评	互 评	教 师 评
电感器的直观判断	30	①电感一	6分			
		②电感二	6分			
		③电感三	6分			
		④电感四	6分			
		⑤电感五	6分			
万用表检测通断结果	35	①电感一	7分			
		②电感二	7分			
		③电感三	7分			
		④电感四	7分			
		⑤电感五	7分			
通过测定 Q 值来检测	35	①电感一	7分			
		②电感二	7分			
		③电感三	7分			
		④电感四	7分			
		⑤电感五	7分			
定额时间	45min	每超过5min	扣10分			
开始时间		结束时间		总评分		

任务4　二极管的识别与使用

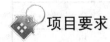 **项目要求**

通过对二极管极性和好坏的判断，要求学生能识别各类二极管，掌握二极管的检测方法。

1. 知识目标

（1）了解二极管的结构。
（2）掌握二极管的符号和应用。
（3）了解二极管的命名方法。
（4）掌握二极管的检测方法及技巧。

2. 技能目标

（1）掌握二极管极性的判断方法。
（2）掌握二极管好坏的判断方法。
（3）掌握二极管参数的测定方法。

任务相关知识

1. 半导体二极管的结构及符号

在一个 PN 结的两端加上电极引线并用外壳封装起来，就构成了半导体二极管。由 P 型半导体引出的电极，叫作正极（或阳极），由 N 型半导体引出的电极，叫作负极（或阴极）。

二极管的结构外形及在电路中的符号如图 2-21 所示。在图 2-21（b）所示电路符号中，箭头指向为正向导通电流方向，二极管的文字符号在国际标准中用 VD 表示。

二极管常见的封装形式如图 2-22 所示。

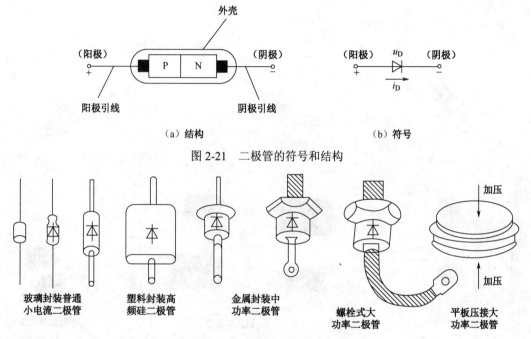

图 2-21　二极管的符号和结构

图 2-22　二极管的常见封装形式

按照结构工艺的不同，二极管有点接触型和面接触型两类。它们的管芯结构如图 2-23 所示。

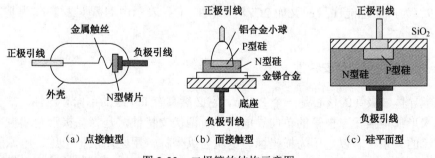

图 2-23　二极管的结构示意图

点接触型二极管是由一根很细的金属触丝（如三价铝合金）和一块半导体（如锗）的表面接触，然后在正方向通过很大的瞬时电流，使触丝和半导体牢固地熔接在一起，三价金属与锗结合构成 PN 结，并做出相应的电极引线，外加管壳密封而成，如图 2-23（a）所示。由于点接触型二极管金属丝很细，形成的 PN 结面积很小，所以极间电容很小，同时，也不能承受高的反向电压和大的电流。这种类型的管子适于用作高频检波和脉冲数字电路里的开关元件，也可用作小电流整流。如 2AP1 是点接触型锗二极管，最大整流电流为 16mA，最高工作频率为 150MHz。

面接触型或称面结型二极管的 PN 结是用合金法或扩散法做成的，其结构如图 2-23（b）所示。由于这种二极管的 PN 结面积大，可承受较大的电流，但极间电容也大。这类器件适用于整流，而不宜用于高频电路中。如 2CP1 为面接触型硅二极管，最大整流电流为 400mA，最高工作频率只有 3kHz。图 2-23（c）是硅工艺平面型二极管结构图，是集成电路中常见的一种形式。

部分二极管实物如图 2-24 所示。

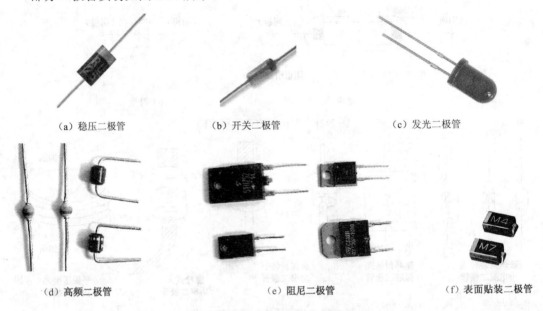

（a）稳压二极管　　（b）开关二极管　　（c）发光二极管

（d）高频二极管　　（e）阻尼二极管　　（f）表面贴装二极管

图 2-24　半导体二极管示例

半导体二极管的种类和型号很多，我们用不同的符号来代表它们，例如 2AP9，其中"2"表示二极管，"A"表示采用 N 型锗材料为基片，"P"表示普通用途（P 为汉语拼音字头），"9"为产品性能序号；又如 2CZ8，其中"C"表示由 N 型硅材料作为基片，"Z"表示整流管。

2. 半导体二极管的伏安特性

既然半导体二极管的核心是一个 PN 结，它必然具有 PN 结的单向导电性。常利用伏安特性曲线来形象地描述二极管的单向导电性。所谓伏安特性，是指二极管两端电压和流过二极管电流的关系。若以电压为横坐标，电流为纵坐标，用绘图法把电压、电流的对应值用平滑曲线连接起来，就构成二极管的伏安特性曲线，如图 2-25 所示（图中虚线为锗管的伏安特性，实线为硅管的伏安特性）。二极管的伏安特性曲线可分为正向特性和反向特性两部分，下面以二极管的伏安特性曲线加以说明。

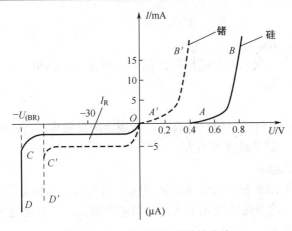

图 2-25 二极管的伏安特性曲线

(1) 正向特性

当二极管加上很低的正向电压时,外电场还不能克服 PN 结内电场对多数载流子扩散运动所形成的阻力,故正向电流很小,二极管呈现很大的电阻,正向电压较小时,正向电流极小(几乎为零),这一部分称为死区,相应的 A(A′)点的电压命名为死区电压。当正向电压超过死区电压后,内电场被大大削弱,电流增长很快,二极管电阻变得很小。死区电压又称阀值电压,硅管约为 0.6～0.7V,锗管约为 0.1～0.3V。二极管正向导通时,硅管的压降一般为 0.6～0.8V,锗管则为 0.1～0.3V。

注意:二极管正向导通时,要特别注意它的正向电流不能超过最大值,否则将烧坏 PN 结。

(2) 反向特性

二极管加上反向电压时,由于少数载流子的漂移运动,因而形成很小的反向电流。如图 2-25 中 OC(或 O′C′)段所示。反向电流有两个特性,一是它随温度的上升增长很快,二极管的特性与其工作环境的温度有很大关系,在室温附近,温度每升高 10℃,反向电流约增加一倍;二是在反向电压不超过某一数值时,反向电流不随反向电压改变而改变,故这个电流称为反向饱和电流。

(3) 反向击穿特性

当外加反向电压过高时,反向电流将突然增大,二极管失去单向导电性,这种现象称为击穿。二极管被击穿后,一般不能恢复原来的性能。产生击穿时加在二极管上的反向电压称为反向击穿电压 $U_{(BR)}$。如图 2-25 中 CD(或 C′D′)段所示。

3. 二极管的主要参数

二极管的各种参数都可从半导体器件手册中查出,下面介绍几个常用的主要参数。

(1) 最大整流电流 I_F

最大整流电流是指二极管长时间使用时,允许流过二极管的最大正向平均电流。当电流超过这个允许值时,二极管会因过热而烧坏,使用时务必注意。

(2) 反向峰值电压 U_{RM}

它是保证二极管不被击穿而得出的反向峰值电压,一般是反向击穿电压的一半或三分之二。

（3）反向峰值电流 I_{RM}

它是指在二极管上加反向峰值电压时的反向电流值。反向电流大，说明单向导电性能差，并且受温度的影响大。

（4）反向电流 I_R

二极管未击穿时的反向电流值。室温时，在规定的反向电压下，测出的反向电流 I_R 约为几十纳安（10^{-9} 安），但受温度影响大。

（5）二极管的直流电阻

二极管的直流电阻指加在二极管两端的直流电压与流过二极管的直流电流的比值。二极管的正向电阻较小，约为几欧到几千欧；反向电阻很大，一般可达零点几兆欧以上。

（6）最高工作频率 f_M

f_M 是工作频率的上限值。当电路的工作频率超过 f_M 时，二极管失去单向导电性。

（7）反向恢复时间 t_{re}

t_{re} 是二极管作开关应用时，由导通状态变为截止状态所经历的时间。t_{re} 约为几纳秒。二极管由截止状态变为导通状态经历的时间比 t_{re} 小。虽然它直接影响二极管的开关速度，但不能说这个值小就好。

（8）二极管的极间电容

二极管具有容易从 P 型向 N 型半导体通过电流，而在相反方向不易通过的特性。这种特性产生了电容器的作用，即蓄积电荷的作用。蓄积了电荷，当然要放电，放电可以在任何方向进行。而二极管只在一个方向有电流流过这种说法，严格来说是不成立的。这种情况在高频时就明显表现出来。因此，二极管的极电容以小为好。

（9）最大浪涌电流 I_{surge}

允许流过的过量的正向电流。它不是正常电流，而是瞬间电流，这个值相当大。

（10）最大功率 P

只要二极管中有电流流过，就会放热，而使自身温度升高。最大功率 P 为功率的最大值。具体讲就是加在二极管两端的电压乘以流过的电流。这个极限参数对稳压二极管、可变电阻二极管显得特别重要。

4．二极管的应用

（1）二极管的限幅作用

利用二极管的单向导电性，将输入电压限定在要求的范围之内，叫作限幅。图 2-26 是限幅的电路图和波形图。

（2）二极管的钳位作用

钳位是指将某点电位钳制在一个固定电压值上，利用二极管的单向导电性在电路中可以起到钳位的作用。钳位作用

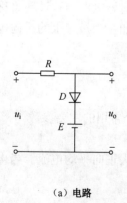
（a）电路

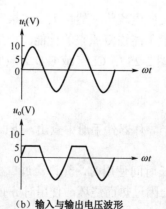
（b）输入与输出电压波形

图 2-26 限幅电路

主要应用于数字电路的分立门电路中。图2-27是钳位的电路图。

（3）二极管的整流作用

利用二极管的单向导电性可以将交流电转换为单向脉动的直流电，这一过程称为整流，这种电路就称为整流电路。

常见的整流电路有半波整流电路和全波整流电路。图2-28是整流的电路图。

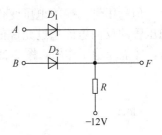

图2-27 钳位电路

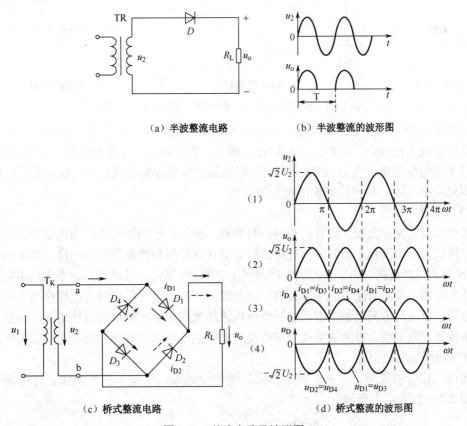

（a）半波整流电路　　（b）半波整流的波形图

（c）桥式整流电路　　（d）桥式整流的波形图

图2-28 整流电路及波形图

（4）稳压二极管的稳压作用

稳压管是一种特殊的面接触型半导体硅二极管，由于它在电路中与适当数值的电阻配合后能起稳定电压的作用，故称为稳压管。稳压管与普通二极管的主要区别在于稳压管是工作在 PN 结的反向击穿状态。通过在制造过程中的工艺措施和使用时限制反向电流的大小，能保证稳压管在反向击穿状态下不会因过热而损坏。稳压管的伏安特性曲线与普通二极管的类似，如图2-29（b）所示，其差异是稳压管的反向特性曲线比较陡。从稳压管的反向特性曲线可以看出，当反向电压较小时，反向电流几乎为零，当反向电压增高到击穿电压 U_z（也是稳压管的工作电压）时，反向电流 I_z（稳压管的工作电流）会急剧增加，稳压管反向击穿。在外加反向电压撤除后，稳压管又恢复正常，即它的反向击穿是可逆的。

从反向特性曲线上可以看出，当稳压管工作于反向击穿区时，电流虽然在很大范围内变化，但稳压管两端的电压变化很小，利用这一特性可以起到稳定电压的作用。但是，如果稳压管的反向电流超过允许值，则它将会因过热而损坏。所以，与稳压管配合的电阻要适当，才能起稳压作用。图 2-29（a）所示为稳压管的符号。

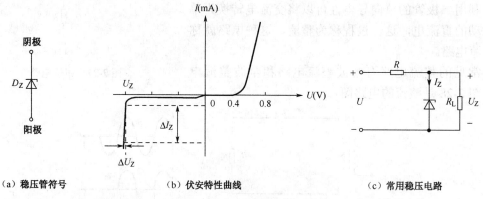

图 2-29　稳压管的符号、伏安特性曲线、稳压电路

稳压管正常工作的条件有两条，一是工作在反向击穿状态，二是稳压管中的电流要在稳定电流和最大允许电流之间。当稳压管正偏时，它相当于一个普通二极管。图 2-29（c）为最常用的稳压电路，当 U 或 R_L 变化时，稳压管中的电流发生变化，但在一定范围内其端电压变化很小，因此起到稳定输出电压的作用。

（5）光电二极管

光电二极管又称光敏二极管，也是一种特殊二极管。它的特点是：在电路中它一般处于反向工作状态，当没有光照射时，光电二极管的伏安特性与普通二极管一样，其反向电阻很大，PN 结流过的反向电流很小；当光线照射于它的 PN 结时，可以成对地产生自由电子和空穴，使半导体中少数载流子的浓度提高。这些载流子在一定的反向偏置电压作用下可以产生漂移电流，使反向电流增加。因此它的反向电流随光照强度的增加而线性增加，如果光的照度发生改变，电子空穴对的浓度也相应改变，电流强度也随之改变。可见光电二极管能将光信号转变为电信号输出。

光电二极管的管壳上有一个玻璃口，以便接受光照，光电二极管的伏安特性曲线及符号如图 2-30 及图 2-31 所示。

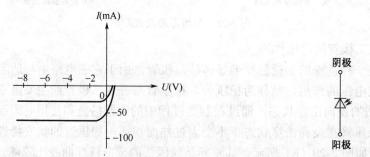

图 2-30　光电二极管的伏安特性曲线　　图 2-31　光电二极管电气符号

（6）发光二极管

发光二极管是一种将电能直接转换成光能的半导体固体显示器件，简称 LED（Light Emitting Diode）。和普通二极管相似，发光二极管也主要由一个 PN 结构成。发光二极管的

PN结封装在透明塑料壳内，外形有方形、矩形和圆形等。发光二极管的驱动电压低、工作电流小，具有很强的抗振动和冲击能力、体积小、可靠性高、耗电省和寿命长等优点，广泛用于信号指示等电路中。在电子技术中常用的数码管，就是用发光二极管按一定的排列组成的。

发光二极管的原理与光电二极管相反。当这种管子正向偏置通过电流时会发出光来，这是由于电子与空穴直接复合时放出能量的结果。它的光谱范围比较窄，其波长由所使用的基本材料而定。不同半导体材料制造的发光二极管发出不同颜色的光，如磷砷化镓（GaAsP）材料发红光或黄光，磷化镓（GaP）材料发红光或绿光，氮化镓（GaN）材料发蓝光，碳化硅（SiC）材料发黄光，砷化镓（GaAs）材料发不可见的红外线。

发光二极管的符号和工作电路图如图2-32所示。它的伏安特性和普通二极管相似，死区电压为0.9～1.1V，其正向工作电压为1.5～2.5V，工作电流为5～15mA。反向击穿电压较低，一般小于10V。

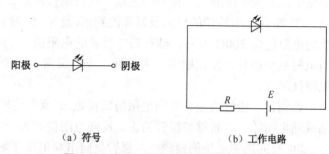

（a）符号　　　　　　（b）工作电路

图2-32　发光二极管的符号及其工作电路

5. 二极管的命名法

国产二极管的命名主要由五部分组成，如表2-17所示。

表2-17　国产半导体分立器件型号组成部分的符号及意义

第一部分		第二部分		第三部分				第四部分	第五部分
用数字表示器件的电极数		用字母表示器件的材料和极性		用汉语拼音字母表示器件的类别				用数字表示器件序号	用字母表示规格号
符号	意义	符号	意义	符号	意义	符号	意义		
2	二极管	A	N型，锗材料	P	普通管	D	低频大功率管	反映了极限参数、直流参数和交流参数等的差别	
		B	P型，锗材料	V	微波管	A	高频大功率管		
		C	N型，硅材料	W	稳压管	T	半导体闸流管（可控整流器）		
		D	P型，硅材料	C	参量管				
				Z	整流管	Y	体效应器件		
3	三极管	A	PNP型，锗材料	L	整流堆	B	雪崩管		
		B	NPN型，锗材料	S	隧道管	J	阶跃恢复管		
		C	PNP型，硅材料	N	阻尼管	CS	场效应器件		
		D	NPN型，硅材料	U	光电器件	BT	半导体特殊器件		
		E	化合物材料	K	开关管	FH	复合管		
				X	低频小功率管	PIN	PIN管		
				G	高频小功率管	JG	激光器件		

6. 二极管的检测法

（1）普通二极管的检测

普通二极管包括检波二极管、整流二极管、阻尼二极管、开关二极管、续流二极管。通过用万用表检测其正、反向电阻值，可以判别出二极管的电极，还可估测出二极管是否损坏。

① 极性的判别。将万用表置于 R×100 挡或 R×1k 挡，两表笔分别接二极管的两个电极，测出一个结果后，对调两表笔，再测出一个结果。两次测量的结果中，有一次测量出的阻值较大（为反向电阻），一次测量出的阻值较小（为正向电阻）。在阻值较小的一次测量中，黑表笔接的是二极管的正极，红表笔接的是二极管的负极。

② 单向导电性能的检测及好坏的判断。通常，锗材料二极管的正向电阻值为 1kΩ 左右，反向电阻值为 300Ω 左右。硅材料二极管的电阻值为 5kΩ 左右，反向电阻值为无穷大。正向电阻越小越好，反向电阻越大越好。正、反向电阻值相差越悬殊，说明二极管的单向导电特性越好。

若测得二极管的正、反向电阻值均接近 0 或阻值较小，则说明该二极管内部已击穿短路或漏电损坏。若测得二极管的正、反向电阻值均为无穷大，则说明该二极管已开路损坏。

③ 反向击穿电压的检测。二极管反向击穿电压（耐压值）可以用晶体管直流参数测试表（如图 2-33 所示）测量。其方法是：测量二极管时，应将测试表的"NPN/PNP"选择键设置为 NPN 状态，再将被测二极管的正极接测试表的"C"插孔，负极插入测试表的"e"插孔，然后按下"V（BR）"键，测试表即可指示出二极管的反向击穿电压值。

也可用兆欧表（如图 2-34 所示）和万用表来测量二极管的反向击穿电压、测量时被测二极管的负极与兆欧表的正极相接，将二极管的正极与兆欧表的负极相连，同时用万用表（置于合适的直流电压挡）监测二极管两端的电压。摇动兆欧表手柄（应由慢逐渐加快），待二极管两端电压稳定而不再上升时，此电压值即是二极管的反向击穿电压。

图 2-33　晶体管直流参数测试表

图 2-34　兆欧表

（2）稳压二极管的检测

① 正、负电极的判别。从外形上看，金属封装稳压二极管管体的正极一端为平面形，负极一端为半圆面形。塑封稳压二极管管体上印有彩色标记的一端为负极，另一端为正极。对标志不清楚的稳压二极管，也可以用万用表判别其极性，测量的方法与普通二极管相同。

若测得稳压二极管的正、反向电阻均很小或均为无穷大，则说明该二极管已击穿或开路损坏。

② 稳压值的测量。用 0～30V 连续可调直流电源（如图 2-35 所示），对于 13V 以下的稳压二极管，可将稳压电源的输出电压调至 15V，将电源正极串接 1 只 1.5kΩ 限流电阻后与被测稳压二极管的负极相连接，电源负极与稳压二极管的正极相接，再用万用表测量稳压二极管两端的电压值，所测的读数即为稳压二极管的稳压值。若稳压二极管的稳压值高于 15V，则应将稳压电源调至 20V 以上。

图 2-35 0～30V 连续可调直流电源

也可用低于 1000V 的兆欧表为稳压二极管提供测试电源。其方法是：将兆欧表正端与稳压二极管的负极相接，兆欧表的负端与稳压二极管的正极相接后，按规定匀速摇动兆欧表手柄，同时用万用表监测稳压二极管两端电压值（万用表的电压挡应视稳定电压值的大小而定），待万用表的指示电压指示稳定时，此电压值便是稳压二极管的稳定电压值。

若测量稳压二极管的稳定电压值忽高忽低，则说明该二极管的性能不稳定。

(3) 发光二极管的检测

① 正、负极的判别。将发光二极管放在一个光源下，观察两个金属片的大小，通常金属片大的一端为负极，金属片小的一端为正极。

② 性能好坏的判断。用万用表 R×10k 挡，测量发光二极管的正、反向电阻值。正常时，正向电阻值（黑表笔接正极时）约为 10～20kΩ，反向电阻值为 250kΩ～∞（无穷大）。较高灵敏度的发光二极管，在测量正向电阻值时，管内会发微光。若用万用表 R×1k 挡测量发光二极管的正、反向电阻值，则会发现其正、反向电阻值均接近∞（无穷大），这是因为发光二极管的正向压降大于 1.6V（高于万用表 R×1k 挡内电池的电压值 1.5V）的缘故。

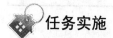

任务实施

1. 任务实施器材

（1）万用表一块/组。
（2）兆欧表一台/组。
（3）晶体管直流参数测试表一台/组。
（4）二极管若干/组。

2. 任务实施步骤

操作题目 1：普通二极管的检测

操作步骤：
（1）极性的判别。
（2）单向导电性能的检测及好坏的判断。
（3）反向击穿电压的检测。

（4）将结论填入表 2-18 中。

操作题目 2：稳压二极管的检测

操作步骤：
（1）极性的判别。
（2）稳压值的测量。
（3）将结论填入表 2-18 中。

操作题目 3：发光二极管的检测

操作步骤：
（1）极性的判别。
（2）性能好坏的判断。
（3）将结论填入表 2-18 中。

表 2-18　二极管测试结果

普通二极管 1 检测结论：
普通二极管 2 检测结论：
稳压二极管 1 检测结论：
稳压二极管 2 检测结论：
发光二极管 1 检测结论：
发光二极管 2 检测结论：

任务考核与评价

表 2-19　二极管功能测试考核

任务内容	配 分	评 分 标 准		自 评	互 评	教 师 评
普通二极管的检测	40	①极性的判断	10 分			
		②好坏的判断	10 分			
		③反向击穿电压的检测	10 分			
		④结论	10 分			
稳压二极管的检测	30	①极性的判断	10 分			
		②稳压值的测试	10 分			
		③结论	10 分			
发光二极管的检测	30	①极性的判断	10 分			
		②好坏的判断	10 分			
		③结论	10 分			
定额时间	45min	每超过 5min	扣 10 分			
开始时间		结束时间		总评分		

任务 5　三极管的识别与使用

项目要求

通过对三极管的直观识别以及利用万用表进行识别，要求学生掌握三极管的检测方法。

1. 知识目标

（1）了解三极管的结构。
（2）掌握三极管的符号和类型。
（3）了解三极管的电流分配关系。
（4）掌握三极管的伏安特性曲线。

2. 技能目标

（1）掌握三极管的直观识别方法。
（2）掌握三极管类型的判断方法。
（3）掌握三极管极性的判断方法。

任务相关知识

三极管是由两个 PN 结构成的三端半导体器件，又称晶体管。三极管在模拟电路中主要起放大信号的作用，是电子电路最为重要的核心器件。

1. 三极管的结构、符号及其类型

常见的几种三极管器件实物如图 2-36 所示。

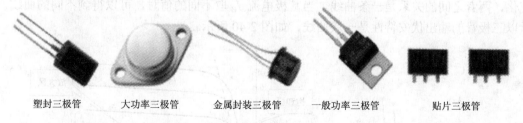

塑封三极管　　大功率三极管　　金属封装三极管　　一般功率三极管　　贴片三极管

图 2-36　三极管实物图

半导体三极管是由三层不同类型的半导体构成并引出三个电极的电子器件，在模拟电子电路中担负放大信号和产生信号的作用。按照各层半导体排列次序的不同有 PNP 型和 NPN 型两种结构形式，分别称为 PNP 型三极管和 NPN 型三极管。三极管有两个 PN 结：发射结和集电结。三个极分别叫作基极、发射极和集电极。图 2-37 是 NPN 型三极管的结构示意图和电路符号，图 2-38 是 PNP 型三极管的结构示意图和电路符号。两种三极管的符号用发射极上的箭头方向来加以区分。发射极上的箭头方向表示流经发射极的电流流向。PNP

型三极管和 NPN 型三极管尽管结构不同，但在电路中的工作原理是基本相同的，只是所采用的电源极性相反，所以在本书中如果不加说明，所指的三极管均为 NPN 型三极管。

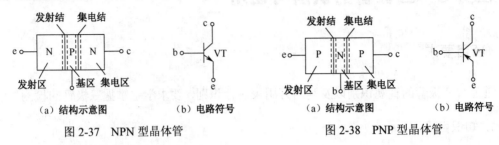

图 2-37　NPN 型晶体管　　　　　　图 2-38　PNP 型晶体管

2. 三极管的电流关系

（1）$I_E = I_B + I_C$ 且 $I_C \gg I_B$（$I_E \approx I_C$）。

（2）$\overline{\beta} = I_C/I_B$ 或 $I_C = \overline{\beta} I_B$

（3）$\beta = \Delta I_B / \Delta I_C$

（4）穿透电流（用 I_{CEO} 来表示），这个值越小越好。

3. 三极管的伏安特性

三极管的伏安特性曲线是指三极管各电极的电流与电压之间的关系曲线，它反映出三极管的性能，是分析放大电路的重要依据。三极管的伏安特性分成两部分：输入伏安特性和输出伏安特性。

（1）三极管的输入伏安特性

当集电极和发射极之间的电压 U_{CE} 保持不变，改变基极和发射极之间的电压 U_{BE} 时，基极中的电流就会发生变化。这个关系用曲线表示出来，就叫作三极管的输入伏安特性（共发射极接法），如图 2-39 所示。

（2）三极管的输出伏安特性

当基极电流 I_B 保持不变，改变集电极和发射极之间的电压 U_{CE}，集电极电流 I_C 将随之变化，两者之间的关系是一条曲线。当基极电流 I_B 取不同的值时，可以得到不同的曲线，所以三极管的输出伏安特性是一簇曲线，如图 2-40 所示。

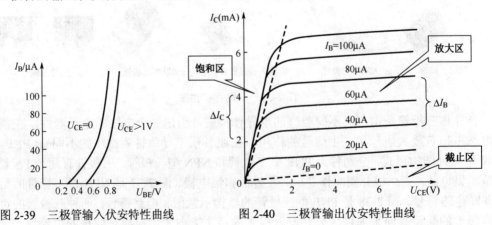

图 2-39　三极管输入伏安特性曲线　　　图 2-40　三极管输出伏安特性曲线

通常把三极管的输出伏安特性分成三个工作区：

① 截止区。在基极电流 $I_B=0$ 所对应的曲线下方的区域是截止区。在这个区域里，$I_B=0$，$I_C=I_{CEO}$（穿透电流）。三极管工作于截止区的电压条件是：发射结上有反偏电压，集电结上也有反偏电压。当然由于三极管在输入特性中存在着死区电压，所以对硅三极管而言，当发射结电压 $U_{BE}\leq0.5V$ 时，三极管已开始截止；对锗三极管而言，当发射结电压 $U_{BE}\leq0.1V$ 时，三极管也进入截止状态。

② 放大区。输出特性曲线近似于水平的部分是放大区。在这个区域里，当 I_B 一定时，I_C 值基本不随 U_{CE} 的变化而变化，这也表明了三极管的恒流特性。而当基极电流有一个微小的变化量 ΔI_B 时，相应的集电极电流将产生较大的变化量 ΔI_C，比 ΔI_B 放大了 β 倍，即 $\Delta I_C=\beta \Delta I_B$，这个表达式体现了三极管的电流放大作用。三极管工作于放大区的电压条件是：发射结上有正偏电压，集电结上有反偏电压。

③ 饱和区。输出特性曲线簇的左侧 I_C 随 U_{CE} 的增加而明显上升的区域称为饱和区，此时 $U_{CE}<U_{BE}$。在这个区域里，I_C 与 I_B 已不成放大的比例关系。三极管工作于饱和区的电压条件是：发射结上是正偏电压，集电结上也是正偏电压。三极管饱和导通时的管压降 U_{CES} 称为饱和管压降，U_{CES} 很低，一般硅管约为 0.3V，锗管约为 0.1V，相当于一个开关的接通。

由三极管的工作状态可以看出，三极管除了具有电流放大作用外，还具有开关作用（工作在饱和与截止状态），所以三极管在电路里也常常被用作电子开关，在数字电路里有着广泛的应用。

4. 三极管的识别与检测

（1）目测法

根据三极管上面标注的型号，通过目测即可识别一些常见类型的三极管管脚位置，如图 2-41 所示。三极管主要有金属封装和塑料封装两种，一般金属封装的大功率管子的外壳为 c 极（如 3AD、3DD 型）。

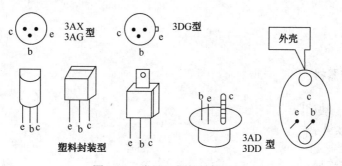

图 2-41　常用三极管管脚位置

（2）万用表测试法

① 判断基极 b 和管型。将万用表欧姆挡置于 R×100 或 R×1k 挡。先假设某极为"基极"，然后将黑表笔接在该极上，再将红表笔先后接到其余的两个电极上，如图 2-42（a）所示。若表针均偏转，说明管子的 PN 结已通，电阻较小（约为几百欧至几千欧），则黑表笔接的电极为 b 极，同时可判断出该管为 NPN 型；反之，将表笔对调（红表笔任接一极），重复以上操作，则也可确定 b 极，管型为 PNP 型，如图 2-42（b）所示。

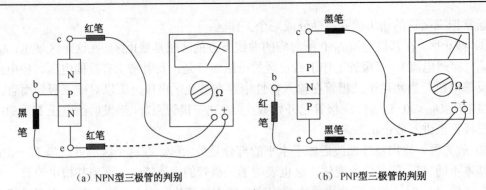

(a) NPN型三极管的判别　　　　　　　　(b) PNP型三极管的判别

图 2-42　三极管基极 b 和管型的判别

若两次测得的阻值一大一小，则原假设的基极是错误的，这时就必须重新假设另一电极为"基极"，再重复上述的测试。

② 三极管好坏的判断。若无一电极满足上述现象，则说明此管子已坏。

有一些万用表设有测量三极管直流参数挡，根据读数也可以粗略判断晶体三极管的质量。方法是：先将万用电表拨到 R×10Ω 的挡上，红、黑两表笔短接，调节万用表的欧姆调零电位器，使表针指示在欧姆刻度的"0"处（调零），然后分开红、黑两表笔，将万用表拨到 h_{FE} 参数的挡上，按照晶体三极管管脚的排列，将晶体三极管三个电极对应插入万用表 h_{FE} 参数的测试插孔中（注意：测试插孔分为 NPN 型和 PNP 型）；这时就可以根据表针所指示的值读出晶体三极管的直流参数值。若值不正常（如为0），则说明管子质量有问题。

③ 判断集电极 c 和发射极 e。以 NPN 型管为例。把黑表笔接到假设的集电极 c 上，红表笔接到假设的发射极 e 上，并且用手捏住 b 和 c 极（但不可使 b 和 c 极短接），通过人体，相当于在 b 和 c 之间接入一个偏置电阻 R_m。读出表头所示 c、e 间的阻值，然后将两表笔对调重测。若第一次的阻值比第二次小，则原假设成立，黑表笔所接为三极管集电极 c，红表笔为发射极 e。因为 c、e 间的阻值小说明通过万用表的电流大，偏置正常。

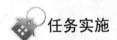任务实施

1. 任务实施器材

（1）万用表一块/组。

（2）三极管若干/组。

2. 任务实施步骤

操作题目 1：三极管的目测法检测

操作步骤：

（1）类型的判别，将结果填入表 2-20 中。

（2）三极管管脚位置的判断，将结果填入表 2-20 中。

表 2-20 三极管目测法检测结果

	类　　型	管　脚　位　置
三极管 1		
三极管 2		
三极管 3		
三极管 4		
三极管 5		

操作题目 2：三极管的万用表法检测

操作步骤：

（1）好坏的判别，将结果填入表 2-21 中。

（2）基极的判别，将结果填入表 2-21 中。

（3）类型的判别，将结果填入表 2-21 中。

（4）发射极、集电极的判别，将结果填入表 2-21 中。

表 2-21 三极管万用表法检测结果

	好 坏 判 断	类　　型	管　脚　位　置
三极管 1			
三极管 2			
三极管 3			
三极管 4			
三极管 5			

 任务考核与评价（表 2-22）

表 2-22 三极管检测考核

任 务 内 容	配　　分	评 分 标 准		自　评	互　评	教 师 评
目测法检测	40	①类型的判断	10 分			
		②管脚位置的判断	30 分			
万用表法检测	60	①好坏的判断	10 分			
		②类型的判断	10 分			
		③基极的判断	20 分			
		④集电极的判断	10 分			
		⑤发射极的判断	10 分			
定额时间	45min	每超过 5min		扣 10 分		
开始时间		结束时间		总评分		

项目三　电子电路图的读图训练

教学导航

教	知识重点	①电路原理图中连线的作用； ②各种电子元器件的符号； ③画逻辑电路图的基本规则； ④电路方框图的作用。
	知识难点	①各个元器件的作用； ②牢记基本单元电路图； ③分析电子电路的基本问题。
	推荐教学方式	①项目教学； ②归纳式讲解； ③启发式引导； ④出现问题集中讲解； ⑤多给学生以鼓励； ⑥自主学习法。
	建议学时	4学时
学	推荐学习方法	①查找相关基本单元电路； ②课前一定要预习相关知识以及相关元器件的作用； ③课上认真听老师讲解，记住操作过程； ④出现问题，查看相关知识，争取自己解决，自己解决不了再向同学或老师寻求帮助； ⑤课后及时完成报告。
	必须掌握的理论知识	①了解电子电路图的类型和作用； ②掌握电子电路图的读图步骤。
	必须掌握的技能	①能对中等复杂程度的电路图进行分析，并能对常见故障做出正确判断； ②通过读图训练，熟练掌握各种常用电子元器件的符号； ③通过读图训练，学习使用电子器件手册的方法； ④了解查找器件资料的其他途径。

任务 1　声光两控电路的读图训练

任务要求

通过对声光两控电路的读图训练，使学生掌握电子电路的读图步骤及方法。

1. 知识目标

（1）掌握电路原理图连线的意义。
（2）掌握声光两控电路的原理。
（3）了解常用逻辑电路图中的逻辑符号。

2. 技能目标

（1）掌握电子电路图读图的基本步骤。
（2）掌握声光两控电路的读图分析方法。

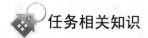任务相关知识

1. 电路原理图

电路原理图用于将该电路所用的各种元器件用规定的符号表示出来，并用连线画出它们之间的连接情况，在各元器件旁边还要注明其规格、型号和参数。

电路原理图主要用于分析电路的工作原理。在数字电路中，电路原理图是用逻辑符号表示各信号之间逻辑关系的逻辑图，应注意的是，在图上没有画出电源和接地线，当逻辑符号出现在逻辑图上时，应理解为数字集成电路内部已经接通了电源。

在电路原理图中，不同的元器件采用不同的电路符号，并且在电路符号的左方或上方都标出了该元器件的文字符号及脚标序号。脚标序号是按同类在图中的位置自左至右，自上而下的顺序编号。对于由几个单元电路组成的产品，必要时元器件顺序编号亦可按单元编制，可以在文字符号的前面加一个该单元的顺序号，并与文字符号写在同一行上。

很多电路原理图上还会设置元器件目录表，表中会汇总标出各元器件的位号、代号、名称、型号及数量，在进行整机装配时，应严格按目录表的规定安装。

电路图中使用的各种图形符号，不表达电路中每个元器件的形状或尺寸，也不反映这些元器件的安装和固定情况，因而一些辅助元件如紧固件、接插件、焊片、支架等组成实际仪器不可缺少的器件在电路图中都不画出。

（1）电路原理图中的连线

① 实线。实线表达了在电路中的元器件之间的电气连接，用于连接各个图形符号。

在电路图中的实线为了清楚和表达无误，有以下几点要求。

❖　连线要尽可能画成水平或垂直线，斜线不代表新的含义。在说明性电路图中有时为了表达某种工艺思路特意画成斜线只表示电路接地点的位置和强调一点接地，如图3-1所示。

❖ 实线的相互平行线之间，距离不得小于 1.2mm；较长的实线应按功能分组画，各组之间应留有 2 倍的线间距。实线如有分支时，一般不要从一点上引出多于 3 根的连线，如图 3-2 所示。

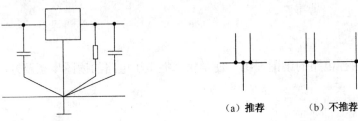

图 3-1 以斜线表示电路接地点的位置　　　　图 3-2 实线分支的画法

❖ 实线线条有粗细的区别时，如果没有特殊说明，不代表电路上电气连接的变化。
❖ 实线连线可以任意延长和缩短。

② 虚线。在电路图中的虚线一般作为一种辅助线来使用，没有实际电气连接的意义。虚线有以下几种辅助表达作用。

❖ 虚线在电路图中表示元件之间的机械联动作用，如图 3-3 所示。

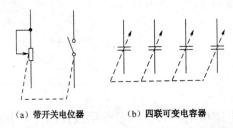

（a）带开关电位器　　（b）四联可变电容器

图 3-3 以虚线表示元器件之间的机械联动作用

❖ 虚线在电路图中表示封装在一起的元器件，如图 3-4 所示。

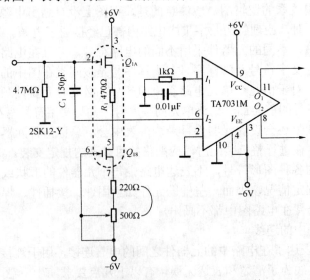

图 3-4 以虚线表示封装在一起的元器件

❖ 虚线在电路图中表示对元件进行屏蔽，如图3-5所示。

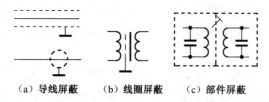

(a) 导线屏蔽　　(b) 线圈屏蔽　　(c) 部件屏蔽

图3-5　以虚线表示对元件进行屏蔽

❖ 虚线在电路图中的其他作用。例如表示一个复杂电路被分隔为几个单元电路，将印制电路板分成几个小板，这时一般都需要在图上附加说明。

（2）电路图中连线的省略与简化

在有些比较复杂的电路中，如果将所有的连线和接点都画出，则图形过于密集，线条多反而不易看清楚。因此采取各种办法简化图形或对线条进行省略，使画图和读图都比较方便。

① 连线的中断。在电路图中离得较远的两个元器件之间的连线，可以不直接画出，而用中断的办法表示，特别是成组的连线，用这种方法可大大简化图形，如图3-6所示。

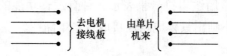

图3-6　连线的中断

② 用单线表示多线。在电路图中，成组的平行线可用一根单线来表示，在线的交汇处采用在一根短斜线旁标注数字的方法来表示线的根数变化，如图3-7所示。

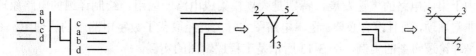

(a) 单线表示4线，线的次序改变　　(b) 单线简化表示多线汇集　　(c) 单线简化表示多线分叉

图3-7　成组的平行线可用一根单线来表示

③ 电源线的省略画法。在由分立元器件组成的电路原理图中，电源接线可以省略，只标出接点，如图3-8所示。在由集成电路组成的电路原理图中，由于集成电路的管脚和使用电压都已固定，所以往往把电源接点也省去，如图3-9所示。

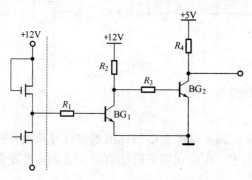
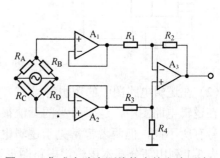

图3-8　分立元器件电源线的省略画法　　图3-9　集成电路电源线接点的省略画法

④ 同种元器件在电路图中的简化画法。在数字电路中，有时需要重复使用同一种元器件，而且元器件的使用功能也相同，这时可以采用如图3-10所示的方法表示。在图3-10中，$R_1 \sim R_{21}$ 共有21只电阻，不但阻值相同而且它们在图中的几何位置也相同，采用图中所示的简化画法就很实用。

⑤ 同种功能块的简化画法。在复杂的电路图特别是数字电路图中，经常会遇到从电路形式到功能都完全相同的电路，这时就可采用图3-11所示的方式进行简化。

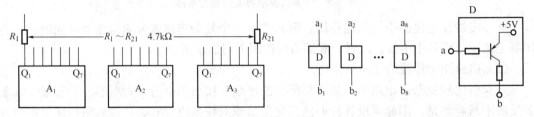

图 3-10　同种元器件的省略画法　　　　　图 3-11　同种功能块的简化画法

2. 逻辑电路图

在数字电路图中，常常用逻辑符号来表示各种有逻辑功能的单元电路。在表达逻辑关系时，就采用逻辑符号而不画出具体电路连接成逻辑电路图。

（1）逻辑电路图的画法

逻辑电路图有理论逻辑图（又称纯逻辑图）和工程逻辑图（又称逻辑详图）之分。前者只考虑电路的逻辑功能，不考虑具体器件和电平的高低，常用于教学等说明性领域；后者则涉及具体电路器件和电平的高低，属于工程用图。

由于集成电路的飞速发展，特别是大规模集成电路的应用，绘制详细的电路原理图，不仅非常烦琐，而且没有必要。逻辑电路图实际上已经取代了数字电路中的原理图。图3-12所示是理论逻辑图的实例，图3-13所示是工程逻辑图的实例。

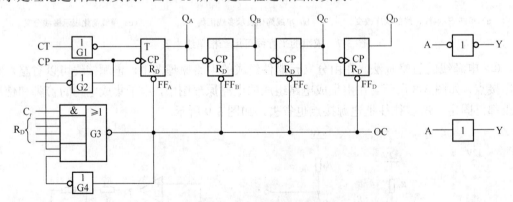

图 3-12　理论逻辑图的实例

（2）在逻辑电路图中的逻辑符号

在逻辑电路图中，逻辑符号的画法很重要。国家标准规定的标准逻辑符号和国外的逻辑符号有所不同，但两者都常见于逻辑电路图中，所以在现阶段还有必要认识这些逻辑符号。表3-1列出部分基本逻辑门电路图形符号。

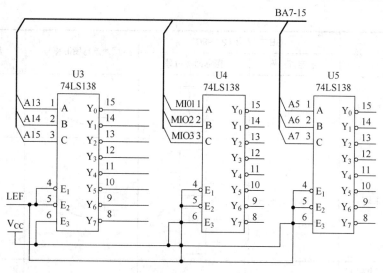

图 3-13 工程逻辑图的实例

表 3-1 基本逻辑门电路图形符号

序号	名称	GB/T 4728.12-1996		国外流行图形符号	曾用图形符号
		限定符号	国标图形符号		
1	与门	&			
2	或门	≥1			
3	非门	逻辑非入和出			
4	与非门	&			
5	或非门	≥1			
6	与或非门	& ≥1			

续表

序号	名称	GB/T 4728.12-1996		国外流行图形符号	曾用图形符号
		限定符号	国标图形符号		
7	异或门	=1	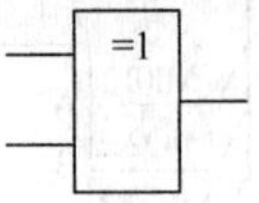	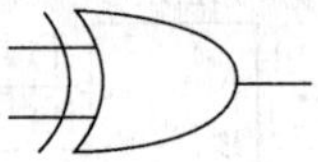	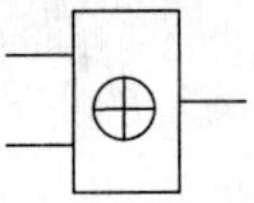
8	同或门	=	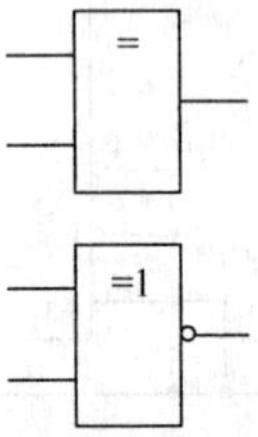	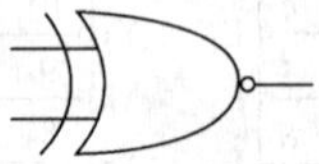	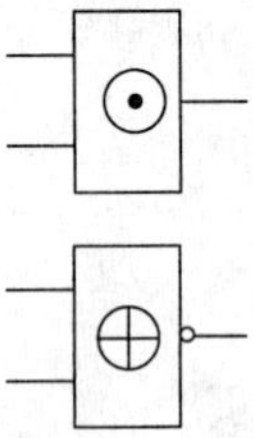
9	集电极开路OC门、漏极开路OD门	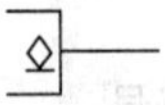 L型开路输出	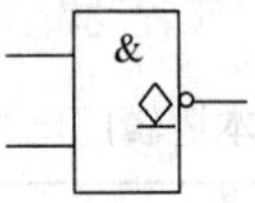		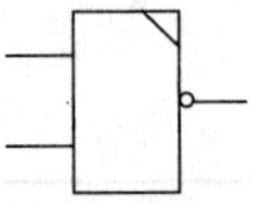
10	缓冲器		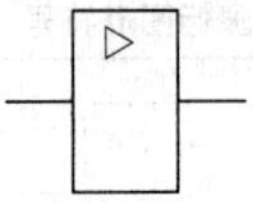	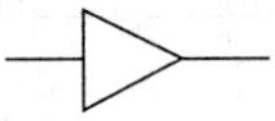	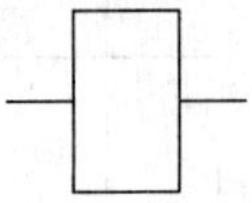
11	三态使能输出的非门	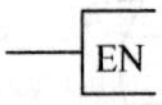 输入使能	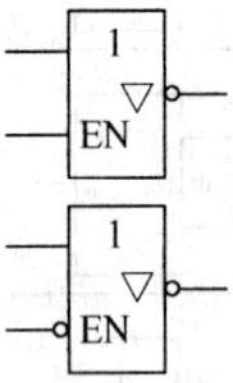	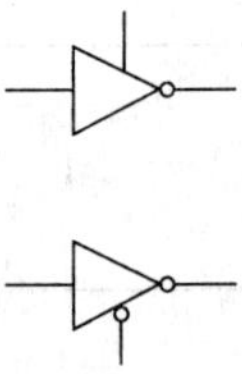	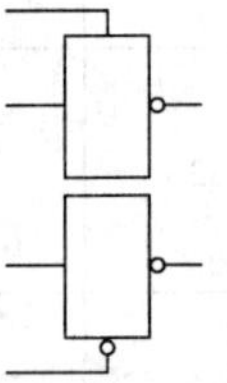
12	传输门		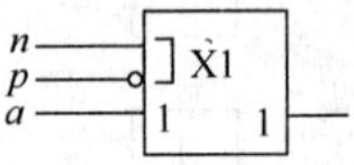	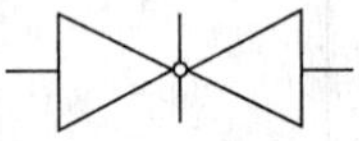	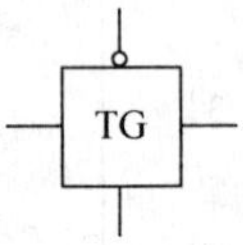

（3）画逻辑电路图的基本规则

逻辑电路图同电路原理图一样，要层次清楚，分布均匀，容易读图。尤其是中大规模集成电路组成的逻辑图，图形符号简单而连线很多，在读图时容易造成读图困难和误解。一般在画逻辑电路图时，要遵循以下一些基本规则：

① 符号统一。
② 注意出入顺序。
③ 连线成组排列。
④ 要有管脚标注。

（4）在逻辑电路图中的简化画法

在电路原理图中的简化方法，都适用于逻辑图。此外，由于逻辑图中的连线多而有规律，可采用一些特殊简化方法。

① 同一组线可以只画首尾，将中间省略。由于这种电路图专业性很强，工程人员在读

图时一般不会发生误解。

② 采用断线表示法，即在连线的两端写上名称而将中间线段省略。

③ 将多线变单线，对成组排列的线，可采用在电路的两端画出多根连线而在中间则只用一根线代替一组线的画法，也可在表示一组线的单线上标出线的根数。

3. 电路方框图

电路方框图将整个电路系统分为若干个相对独立的部分，每一部分用一个方框来表示，在方框内写明该部分电路的功能和作用，在各方框之间用连线来表明各部分之间的关系，并附有必要的文字和符号说明。

电路方框图简单、直观，可在宏观上表示整个电路系统的工作原理和工作过程，使用者可以此对系统进行定性分析。在读图时先阅读电路方框图，可为进一步读懂电路原理图起到引路的作用。图 3-14 为超外差收音机的方框图。

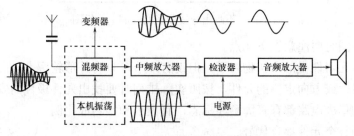

图 3-14　超外差收音机的方框图

4. 电路接线图

电路接线图是将电路图中的元器件及连接线按照布线规则绘制的图，各元器件所在的位置上有元器件的名称和标号。在工厂生产的电子产品电路中，电路接线图就是印制电路板图。印制电路板图主要用于指导对电子设备的安装、调试、检查和维修。

印制电路板图有两类，一类是将印制电路板上的导线图形按板图画出，然后在安装位置插上元器件，如图 3-15 所示。

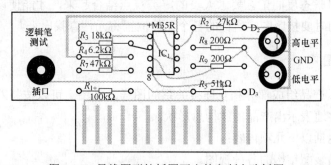

图 3-15　导线图形按板图画出的印制电路板图

读这种安装图时要注意以下几点。

（1）在板上的元器件可以是标准符号和实物示意图，也可以两者混合使用。

（2）对有极性的元器件，如电解电容、三极管，极性一定要看清楚。

（3）对同类元件可以直接标出参数、型号，也可只标出代号，另用附表列出代号的内容。

（4）对特别需要说明的工艺要求，如焊点的大小、焊料的种类、焊后的处理方法等技术要求，在图上一般都有标注。

还有一类印制电路板装配图不画出印制导线的图形，而是将元件的安装面作为印制板的正面，画出元器件的外形及位置，指导工人进行元件的装配插接，如图3-16所示。

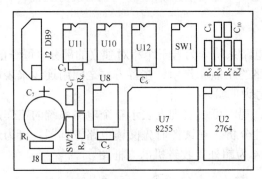

图3-16 不画出导线图形的印制电路板图

读这种安装图时要注意以下几点。
（1）图上的元器件全部用实物表示，但没有细节，只有外形轮廓。
（2）对有极性或方向定位的元件，按照实际排列时要找出元件极性的安装位置。
（3）图上的集成电路都有管脚顺序标志，且大小和实物成比例。
（4）图上的每个元件都有代号。
（5）对某些规律性较强的器件如数码管等，有时在图上会采用简化表示方法。

5. 机壳底板图和设备面板图

这两种图是表达机壳底板上元件的安装位置和面板上各个操作旋钮、开关等元件位置的。机壳底板上元件的安装位置图表达了元件和部件在仪器设备中的位置。设备面板图是按照机械制图的标准绘制出来的，用于指导操作人员安装在面板上的元件位置。设备面板图是工艺图中要求较高、难度较大的图，既要实现操作要求，又要讲究美观悦目，将工程技术人员的严谨科学态度同工艺美术人员的审美观点结合起来，才能使设备面板图达到上述要求。读这种图时要按照图中所标的各个元件位置将元件查找出来。

6. 整机装配图

装配图是表示产品组成部分相互连接关系的图样。在图上可以按装入的零部件或整机的装配结构来完整地表示出产品的结构总形状。

装配图一般包括以下几项内容：
（1）表明产品装配结构的各种视图。
（2）外形尺寸、安装尺寸、与其他产品连接的位置尺寸，以及所需检查的尺寸和极限偏差。
（3）装配时需要借助的配合或装配方法。
（4）在装配过程中或装配完毕后需要加工的说明。
（5）其他必要的技术要求和说明。

7. 读图的基本步骤

对电路原理图的读图可以采用以下步骤进行：
（1）先了解电路的用途和功能。
（2）查清每块集成电路或晶体管的功能和技术指标。
（3）将电路划分为若干个功能块。
（4）将各功能块联系起来进行整体分析。

8. 查找器件资料的途径

要准确地识读电子电路图，非常重要的一个基本功就是会查阅器件手册。器件手册给出了器件的技术参数和使用资料，是正确使用器件的依据。器件的种类很多，其结构、用途和参数指标是不同的。在使用器件时，若不了解它的特性、参数和使用方法，就不能达到预期的使用效果，有时还会因器件的部分或某一项参数不满足电路要求而损坏器件或整个电路。由此可见，要正确地使用器件，先要了解其性能、参数和使用方法，而器件手册则提供了这些有用的资料。

能熟练地查阅器件手册，并经常查阅一些新的器件手册，可以不断了解许多新的器件，这些新器件所具备的特点和功能，往往可以使其被应用于某一实际电路中，解决一些过去无法解决的问题，促使研究工作向前迈进。经常查阅手册也可扩展知识，不断提高自身的技能。

（1）器件手册的类型

常用的器件手册有《常用晶体管手册》、《常用线性集成电路大全》、《中国集成电路大全》、《国外常用集成电路大全》等。

（2）器件手册的基本内容

器件手册一般包括以下内容：
① 器件的型号命名方法。
② 电参数符号说明。
③ 器件的主要用途。
④ 器件的主要参数和外形。
⑤ 器件的内部电路和应用参考电路。

（3）器件手册的应用方法

若已知器件的型号，查阅器件手册，可以查找出此器件的类型、用途、主要参数等技术指标，以便在设计、制作电路时可对已知型号的器件进行分析，看其是否满足电路要求。

查阅手册时先根据器件的类别选择相应的手册，如根据器件的种类决定应查线性集成电路手册还是查数字电路手册，然后根据手册的目录查到所需要的资料。

在手册中查找满足电路要求的器件型号，是器件手册的又一用途。查阅手册，首先要确定所选器件的类型，确定应查阅哪类手册；其次确定在手册中应查哪类器件的栏目。确定栏目后，将栏目中各型号的器件参数逐一与所要求的参数相对照，看是否满足要求，据此确定选用器件的型号。

9. 声光两控电路原理

声光两控延时电路的电路图如图 3-17 所示,这个电路比较简单。

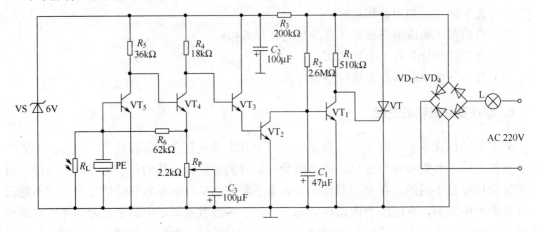

图 3-17 声光两控电路原理图

(1) 声光两控延时电路功能说明

声光两控延时电路以白炽灯作为控制对象,在有光的场合无论有声或无声均不亮;只有在无光(夜晚)且有声的情况下灯才会亮;灯亮一段时间(40s 左右,可调)后将自动熄灭;当再次有声音(满足无光条件)时,灯才会再亮。这种电路特别适合在楼道和长时间无人的公共场合使用,可以大大节约电能和延长灯泡的使用寿命。

(2) 声光两控延时电路化整为零

可以将声光两控延时电路分成主控电路、开关电路、检测及放大电路,控制对象为 15W 的白炽灯。

(3) 按声光两控延时电路信号流程找通路

可以将整流桥、单向晶闸管 VT 组成一个主通路(和白炽灯串联)。

当单向晶闸管 VT 的栅极上加有高电平时,单向晶闸管 VT 将导通致使白炽灯发光,所以栅极前面的电路就应该是开关电路。

开关电路由开关三极管 VT_1 和充电电路 R_2、C_1 组成,当 VT_1 截止时,将给栅极提供一个高电平,使晶闸管处于导通状态,这也是一个通路。

放大电路由 $VT_2 \sim VT_5$ 和电阻 $R_4 \sim R_6$ 组成。

压电陶瓷片 PE 和光敏电阻 R_L 作为传感器构成检测电路。

控制电路的电源由稳压管 VS 和电阻 R_3、电容 C_2 构成。

(4) 按声光两控延时电路的不同情况进行分析

可以将信号分成有光、无光无声、无光有声三种情况进行分析。

刚接通电路时,交流电源经过桥式整流和电阻 R_1 加到晶闸管 VT 的控制极,由于电容 C_1 上的电压不能突变,保持为零,所以 VT_1 截止,使 VT 导通。由于白炽灯与整流桥和 VT 构成通路,则灯点亮。同时整流后的电源经 R_2 给 C_1 充电,当 C_1 的充电电压达到 VT_1 的开门电压时,VT_1 饱和导通,晶闸管控制极得到低电平,由于整流后的电压波形是全波,含有零电压,则在阳极上出现零电压时 VT 关断,灯熄灭,因此改变充电时间常数的大小,就可以改变灯亮延时的长短。

在无光有声的情况下，光敏电阻的电阻值很大，可以认为对电路没有影响。压电片接受声音转换成一个电信号，经放大后使 VT_2 导通，致使电容 C_1 放电，使 VT_1 截止，晶闸管控制极得到高电位，使 VT 导通后灯亮。随着 C_1 充电的进行，白炽灯点亮延时后自动熄灭。调节 R_2，改变负反馈的大小，可以改变接收声音信号的大小，从而调节灯对声音和光线的灵敏度。

在有光的情况下，光敏电阻的阻值很小，相当于把压电陶瓷片短路，所以即使是有声，压电陶瓷片感应出的电信号也极小，不能被有效放大。也就不能使 VT_3 导通，所以灯不会亮。

以上分析指出了这种电路的工作原理，不难根据故障现象找出电路的故障所在。

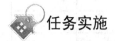任务实施

1. 任务实施器材

电路原理图一份/人。

2. 任务实施步骤

操作提示：认真绘制电路图，并对电路图进行分析。

操作题目：声光两控电路识图

操作步骤：
（1）绘制声光两控电路图，将结果填于表 3-2 中。
（2）通电瞬间分析，将结果填于表 3-2 中。
（3）有光分析，将结果填于表 3-2 中。
（4）无光无声分析，将结果填于表 3-2 中。
（5）无光有声分析，将结果填于表 3-2 中。

表 3-2 声光两控电路分析表

声光两控电路图	
通电瞬间，声光两控电路工作情况	
有光时，声光两控电路工作情况	
无光无声时，声光两控电路工作情况	
无光有声时，声光两控电路工作情况	

任务考核与评价（表3-3）

表3-3　声光两控电路识图考核

任务内容	配　分	评分标准		自　评	互　评	教 师 评
电路图绘制	20	①是否正确	15分			
		②是否规范	5分			
通电瞬间分析	20	①晶闸管 VT 分析	10分			
		②电容 C_1 分析	5分			
		③三极管 VT_1 分析	5分			
有光时分析	20	①光敏电阻 R_L 分析	10分			
		②压电陶瓷片 PE 分析	5分			
		③三极管 VT_3 分析	5分			
无光无声	20	①光敏电阻 R_L 分析	5分			
		②压电陶瓷片 PE 分析	5分			
		③三极管分析	5分			
		④晶闸管 VT 分析	5分			
无光有声	20	①光敏电阻 R_L 分析	5分			
		②压电陶瓷片 PE 分析	5分			
		③三极管分析	5分			
		④晶闸管 VT 分析	5分			
定额时间	90min	每超过 5min		扣 10 分		
开始时间		结束时间		总评分		

任务2　直流稳压电源电路的读图训练

任务要求

通过对直流稳压电源电路的读图训练，使学生掌握电子电路的读图步骤及方法。

1. **知识目标**

（1）了解顺利识读电子电路图的方法。
（2）掌握直流稳压电源电路的原理。

2. **技能目标**

（1）掌握电子电路图读图的基本步骤。
（2）掌握直流稳压电源电路的读图分析方法。

项目三 电子电路图的读图训练

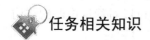

1. 顺利识读电子电路图方法

只是学习读图的方法和知道电路图的种类是不够的。不能很好地看懂电路图，往往反映了读者对一些电路的基础知识掌握得不够，要能正确地看懂电路原理图，必须要掌握如下基础知识：

（1）各种元器件的符号要熟悉，不认识的元器件符号先弄清。
（2）一些基本单元电路图要牢记，其扩展电路要了解。
（3）常用的集成电路的功能要知道，不熟悉的集成块的功能和引脚功能要先查手册。
（4）整个电子设备的功能要大致了解，对方框图要心中有数。

有了以上这些基础知识，读起电路图来就方便多了。

2. 直流稳压电源电路的原理

图 3-18 是 SBM-10A 型示波器的直流电源电路的一部分。

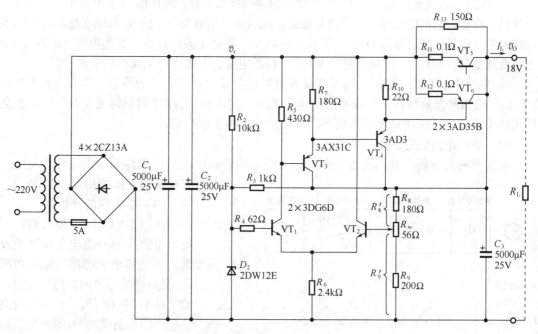

图 3-18 直流稳压电源电路原理图

（1）分析电路组成

按照"化整为零"的读图步骤，先粗略看一下电路的组成。从电路所用的元器件和电路形式，可知这是一个串联调整型的稳压电源。按照"分析功能"的读图步骤，可以分析出电路的特点。从电路的要求来看，它的输出是作为其他直流电源的能源，所以需要输出较大的电流（约 2A）；为了保证输出电压的稳定和当负载出现短路情况时能对调整管加以保护，需要采用保护电路。根据上述分析，可知它应具有变压、整流、滤波、基准电压设置、比较放大、调整、短路保护等环节，和以前学过的串联调整型稳压电路应该是大同小异的。而作为读电路图的目的之一，正是要找出这个电路和典型电路的不同点。通过分析该电路的这些特点，才能掌握这个电路的设计思想和高明之处，也可以对稳压电源的结构形式有进一步的深刻理解。

（2）分析电路特点

① 调整管的输出端不同。典型串联调整型稳压电源电路的输出端在调整管的发射极，而该电路的输出端却接在调整管的集电极，因此把这个电路作为射极输出器的概念就不再适用。仔细观察示波器的元器件安装，发现两个电源调整管的集电极都直接安装在机器的铁外壳上，而不是像典型的串联调整型稳压电源电路那样安装在散热片上，那么可以分析出设计者的用意就是使电路中不必再另外加散热片，既保证了大功率调整管需要的要求，又节省了散热片，还可以使电路的尺寸有所减小。

② 电路中有深度负反馈。为了要保证电路的稳压精度，又要使电路具有较低的内阻，必须采用深度电压负反馈才行。电路中的 R_3 正是为解决这个问题而设置的，这也是其与典型串联调整型稳压电源电路的不同之处。

③ 大功率管加有均衡电阻。为了适应输出较大电流的需要，调整管采用两只 3AD35B 型大功率管并联；为了保证电流分配的均匀性，在它们的发射极分别串接一个 0.1Ω 电阻，使电流分配均匀；还加了两级复合管 VT_4 和 VT_3，以减轻比较放大级的负载。

④ 电路有负载短路保护。为了防止负载短路损坏调整管，利用 R_3 将输出电压反馈到 VT_1 的基极和稳压管的供电回路，如果负载短路，则输出电压会为零，由 R_3 反馈在稳压管上的电压将为零，不足以使稳压管 D_2 击穿工作，所以 VT_1 将处于截止状态，其集电极电流将很小，因此流过复合管 VT_4、VT_3 和调整管 VT_2、VT_5 的电流也都很小，从而保护了调整管。

⑤ 电路中加有启动电阻。为了保证在开机时各放大管有合适的静态工作点，在 VT_2、VT_5 的集电极和发射极两端并联有启动电阻 R_{13}，这样开机时即使调整管还没有工作，也会使负载中流过电流，建立起工作状态，保证整个电路正常启动。

（3）画出电路的方框图

根据前面的分析，并通过方框图的形式将电路表示出来，会更容易分析电路的功能。该电路的方框图如图 3-19 所示。

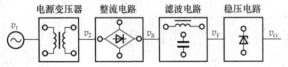

（4）整机性能分析

由以上的电路分析可知，在稳压电路中有一路电压串联负反馈，因此该放大电路的输出电阻（即稳压电源的内阻）将比无负反馈时减小 $1+AF$ 倍，从而大大提高了电路的带负载能力，输出电压相当稳定，由于负反馈的存在，这个电路的其他动态指标也有相应的改善。

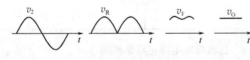

图 3-19　直流稳压电源方框图

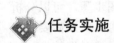 **任务实施**

1. 任务实施器材

电路原理图一份/人。

2. 任务实施步骤

操作提示：认真绘制电路图，并对电路图进行分析。

操作题目：声光两控电路识图

操作步骤：
（1）绘制直流稳压电源电路图，将结果填于表 3-4 中。
（2）分析直流稳压电源电路的组成，将结果填于表 3-4 中。
（3）分析直流稳压电源电路的特点，将结果填于表 3-4 中。
（4）画出方框图，将结果填于表 3-4 中。
（5）对整机性能进行分析，将结果填于表 3-4 中。

表 3-4 直流稳压电源电路分析表

直流稳压电源电路图	
分析电路的组成	
分析电路的特点	
画出方框图	
分析整机性能	

任务考核与评价（表 3-5）

表 3-5 直流稳压电源电路识图考核

任务内容	配分	评分标准		自评	互评	教师评
电路图绘制	30	①是否正确	15 分			
		②是否规范	15 分			
电路的组成	10	电路组成分析全面的得 10 分，缺少一个环节扣 2 分，最多扣 10 分				
电路的特点	20	电路的特点分析正确的得 20 分，缺少一个特点的扣 4 分，最多扣 20 分				
方框图的绘制	20	方框图的绘制正确的得 20 分，错一处扣 4 分，最多扣 20 分				
整机性能的分析	20	整机性能分析正确的得 20 分，缺少一处或者错误一处扣 4 分，最多扣 20 分				
定额时间	90min	每超过 5min	扣 10 分			
开始时间		结束时间		总评分		

项目四 电子元器件的焊接训练

 教学导航

教	知识重点	①电烙铁的使用； ②手工焊接的方法。
	知识难点	①手工焊接的技巧； ②焊点好坏的判断； ③使用镊子进行拆焊。
	推荐教学方式	①项目教学； ②演示教学； ③手把手指导学生动手操作； ④多让学生评判焊点； ⑤多给学生以鼓励。
	建议学时	8学时
学	推荐学习方法	①勤动手去焊接和拆焊，多拿自己的焊点和别人的进行比较； ②课前预习相关知识； ③课上认真听老师讲解，记住操作手法； ④课后及时完成实训报告。
	必须掌握的理论知识	①电烙铁的分类； ②"三步"操作法； ③"五步"操作法； ④焊接要领； ⑤标准焊点的判断方法； ⑥焊点缺陷的判断； ⑦用镊子拆焊的过程； ⑧用拆焊工具进行拆焊的过程； ⑨拆焊的操作要领。
	必须掌握的技能	①采用"三步"操作法进行焊接； ②采用"五步"操作法进行焊接； ③用镊子进行拆焊； ④用拆焊工具进行拆焊。

任务 1 手工锡焊

任务要求

焊接是电子技术技能训练中非常重要的环节,焊接的质量直接影响产品的质量。通过实际焊接练习,使学生掌握手工焊接的本领。

1. 知识目标

(1) 了解电烙铁的分类。
(2) 掌握"三步"和"五步"操作法。
(3) 了解焊接缺陷产生的原因。

2. 技能目标

(1) 会采用"三步"操作法进行焊接操作。
(2) 会采用"五步"操作法进行焊接操作。

任务相关知识

锡焊的原理是通过加热的烙铁将固态焊锡丝加热熔化,再借助于助焊剂的作用,使其流入被焊金属之间,待冷却后形成牢固可靠的焊接点。

1. 焊接工具

(1) 电烙铁

电烙铁分为外热式和内热式等。

① 外热式电烙铁。图 4-1 是外热式电烙铁的内部结构图和实物图。外热式电烙铁一般由烙铁头、烙铁芯、外壳、手柄、插头等部分所组成。烙铁头安装在烙铁芯内,用以热传导性好的铜为基体的铜合金材料制成。烙铁头的长短可以调整(烙铁头越短,烙铁头的温度就越高),且有凿式、尖锥形、圆面形和半

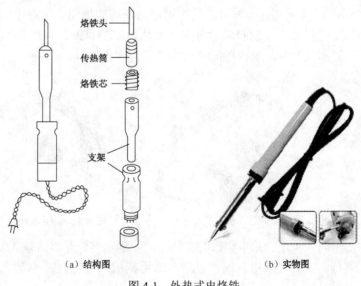

(a) 结构图   (b) 实物图

图 4-1 外热式电烙铁

圆沟形等不同的形状，以适应不同焊接面的需要。

② 内热式电烙铁。图 4-2 是内热式电烙铁的内部结构图和实物图。内热式电烙铁由连接杆、手柄、弹簧夹、烙铁芯、烙铁头（也称铜头）五个部分组成。烙铁芯安装在烙铁头的里面（发热快，热效率高达 85% 以上）。烙铁芯采用镍铬电阻丝绕在瓷管上制成，一般功率为 20W 的电烙铁其电阻为 2.4kΩ 左右，功率为 35W 的电烙铁其电阻为 1.6kΩ 左右。一般来说电烙铁的功率越大，热量越大，烙铁头的温度越高。焊接集成电路、印制线路板、CMOS 电路一般选用功率为 20W 的内热式电烙铁。使用的烙铁功率过大，容易烫坏元器件（一般二极管、三极管结点温度超过 200℃ 时就会烧坏）和使印制导线从基板上脱落；使用的烙铁功率太小，焊锡不能充分熔化，焊剂不能挥发出来，焊点不光滑、不牢固，易产生虚焊。焊接时间过长，也会烧坏器件，一般每个焊点在 1.5～4s 内完成。

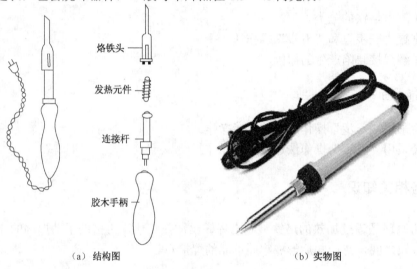

（a）结构图　　　　　　　　　　（b）实物图

图 4-2　内热式电烙铁

③ 其他烙铁。图 4-3 是恒温电烙铁的实物图。恒温电烙铁的烙铁头内，装有磁铁式的温度控制器，来控制通电时间，实现恒温的目的。在焊接温度不宜过高、焊接时间不宜过长的元器件时，应选用恒温电烙铁，但它价格高。

图 4-3　恒温电烙铁　　　图 4-4　吸锡电烙铁　　　图 4-5　气焊电烙铁

图 4-4 是吸锡电烙铁的实物图。吸锡电烙铁是将活塞式吸锡器与电烙铁合为一体的拆焊工具，它具有使用方便、灵活、适用范围广等特点。不足之处是每次只能对一个焊点进行拆焊。

图 4-5 是气焊烙铁的实物图。气焊烙铁是一种用液化气、甲烷等可燃气体燃烧加热烙铁

头的烙铁。适用于供电不便或无法供给交流电的场合。

（2）其他工具

① 尖嘴钳。图 4-6 是尖嘴钳的实物图。尖嘴钳的主要作用是在连接点上缠绕导线、元件引线及使元件引脚成形。

② 偏口钳。图 4-7 是偏口钳的实物图。偏口钳又称斜口钳、剪线钳，主要用于剪切导线，剪掉元器件多余的引线。不要用偏口钳剪切螺钉、较粗的钢丝，以免损坏钳口。

③ 镊子。图 4-8 是镊子的实物图。镊子主要用途是拾取微小器件；在焊接时夹持被焊件以防止其移动和帮助散热。

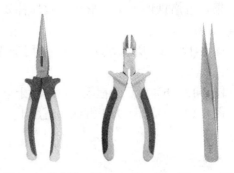

图 4-6　尖嘴钳　图 4-7　偏口钳　图 4-8　镊子

④ 旋具。图 4-9 是旋具的实物图。旋具又称改锥或螺丝刀。分为十字旋具、一字旋具。主要用于拧动螺钉及调整可调元器件的可调部分。

⑤ 小刀。小刀主要用来刮去导线和元件引线上的绝缘物和氧化物，使之易于上锡。

⑥ 烙铁架。图 4-10 是烙铁架的实物图。烙铁架主要是用来放置电烙铁的。

⑦ 焊锡丝。焊锡丝又称焊锡线、锡线或锡丝，英文名称是 SolderWire。焊锡丝由锡合金和助焊剂两部分组成，合金成分分为锡铅、无铅两种。助焊剂均匀灌注到锡合金中间部位。表 4-1 是焊锡丝线径的选择表。

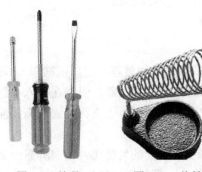

图 4-9　旋具　　　图 4-10　烙铁架

表 4-1　焊锡丝线径的选择

被 焊 对 象	锡丝直径/mm
印制板焊接点	0.8～1.2
小型端子与导线焊接	1.0～1.2
大型端子与导线焊接	1.2～2.0

2. 手工焊接工艺

（1）焊锡丝的拿法

在连续进行焊接时，焊锡丝的拿法如图 4-11（a）所示，即左手的拇指、食指和小指夹住焊锡丝，焊锡丝露出 30～50mm，用另外两个手指配合就能把焊锡丝连续向前送进。若不是连续的焊接，焊锡丝的拿法如图 4-11（b）所示，焊锡丝露出 50～60mm。

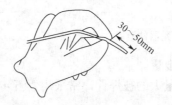
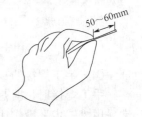

(a) 连续焊锡拿法　　　　(b) 断续焊锡拿法

图 4-11　焊锡丝的拿法

（2）电烙铁的握法

根据电烙铁的大小、形状和被焊件要求的不同，电烙铁的握法一般有三种形式，如图 4-12 所示。

图 4-12（a）所示为反握法，适用于弯头电烙铁操作或直烙铁头在机架上互连导线的焊接。

图 4-12（b）所示为握笔法，适用于小功率的电烙铁和热容量小的焊件焊接。

图 4-12（c）所示为正握法，适用于大功率的电烙铁和热容量大的焊件焊接。

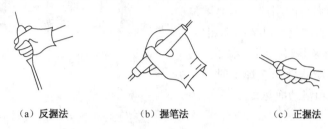

(a) 反握法　　　　　(b) 握笔法　　　　　(c) 正握法

图 4-12　电烙铁的拿法

（3）待焊材料的预加工

待焊材料的预加工包括待焊材料的清洁、待焊材料的预焊镀锡处理（浸焊或涂焊）。焊接前，应对元器件引脚或电烙铁的焊接部位进行焊接前处理。一般元器件引脚在插入电路板之前，都要刮干净再镀锡，个别因长期存放而氧化的元器件，则必须重新镀锡。需要注意的是，对于扁平封装的集成电路引脚，不允许用刮刀清除氧化层。

① 清除焊接部位的氧化层。用锯条或小刀刮去金属引脚表面的氧化层，使引脚露出金属光泽。对于印制电路板，可用细砂纸将铜箔打光后，涂上一层松香酒精溶液。

② 元器件镀锡。在刮干净的引脚上镀锡之前，先按照图 4-13（a）所示给引脚上助焊剂松香，再按照图 4-13（b）所示用带锡的热烙铁头给引脚上焊锡，上焊锡时，元器件要 360 度旋转。使焊锡布满整个引脚。

(a) 上助焊剂　　　　　(b) 上焊锡

图 4-13　元器件镀锡

导线焊接前，应将绝缘外皮剥去，再经过上面两项处理，才能正式焊接。若是多股金属丝的导线，打光后应先拧在一起，然后再镀锡。

（4）手工焊接的基本步骤

手工焊接时，对热容量大的被焊件，常采用"五步"操作法，对热容量小的被焊件，常采用"三步"操作法。

① "三步"操作法：

步骤 1：准备工作。首先把被焊件、焊锡丝和电烙铁准备好，处于随时可焊的状态。如果使用的是新电烙铁，那么在使用前，应用细砂纸将烙铁头打光亮，通电烧热，蘸上松香后用烙铁头刃面接触焊锡丝，使烙铁头上均匀地镀上一层锡。这样做的目的是便于焊接和防止烙铁头表面氧化。旧的烙铁头如若严重氧化而发黑，则可用钢锉锉去表层氧化物，使其露出金属光泽后重新镀锡，才能使用。

步骤 2：烙铁头与焊料同时送入。在被焊件的两侧，同时分别放上烙铁头和焊锡丝，以熔化适量的焊锡。

步骤 3：同时移开电烙铁和焊锡丝。当焊锡的扩散范围达到要求后，迅速拿开电烙铁和焊锡丝。

 注意：拿开焊锡丝的时间不得迟于拿开电烙铁的时间。

以上三步操作如图 4-14 所示。

图 4-14 "三步"操作法

② "五步"操作法：

步骤 1：准备工作。与前面"三步"操作法的步骤 1 相同，操作如图 4-15 所示。

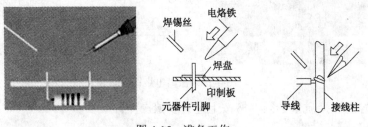

图 4-15 准备工作

步骤 2：加热被焊件。把烙铁头放在接线端子和引脚上进行加热，操作如图 4-16 所示。

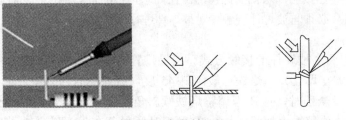

图 4-16 加热被焊件

步骤 3：放上焊锡丝。被焊件经加热达到一定温度后，立即将手中的焊锡丝触到被焊件上，熔化适量的焊锡，操作如图 4-17 所示。

 注意：焊锡丝应加到被焊件上烙铁头的对称一侧，而不是直接加到烙铁头上。

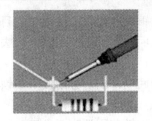

图 4-17　放上焊锡丝

步骤 4：移开焊锡丝。当焊锡丝熔化一定量后，迅速移开焊锡丝，操作如图 4-18 所示。

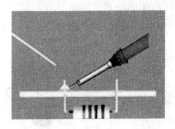

图 4-18　移开焊锡丝

步骤 5：撤离电烙铁。当焊锡的扩散范围达到要求后移开电烙铁，撤离电烙铁的方向和速度的快慢与质量密切相关，操作时应特别留心，仔细体会，操作如图 4-19 所示。

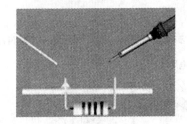

图 4-19　撤离电烙铁

要获得良好的焊接质量必须严格按上述五步骤操作。

【工程经验】
在实际生产中，最容易出现的一种违反操作步骤的做法就是烙铁头不是先与被焊件接触，而是先与焊锡丝接触，熔化的焊锡滴落在尚未预热的被焊部位，这样很容易产生焊点虚焊，所以烙铁头必须与被焊件接触，对被焊件进行预热是防止产生虚焊的重要手段。

（5）焊接要领

① 烙铁头与两个被焊件的接触方式。接触位置：烙铁头应同时接触要相互连接的两个被焊件（如焊脚与焊盘），烙铁一般倾斜 45 度，应避免只与其中一个被焊件接触。当两个被焊件热容量悬殊时，应适当调整烙铁倾斜角度，使热容量较大的被焊件与烙铁的接触面积增大，热传导能力加强。如 LCD 拉焊时倾斜角在 30 度左右，焊麦克风、马达、喇叭等倾斜角可在 40 度左右。两个被焊件能在相同的时间里达到相同的温度，被视为加热理想状态。

接触压力：烙铁头与被焊件接触时应略施压力，热传导强弱与施加压力大小成正比，但以对被焊件表面不造成损伤为原则。

② 焊丝的供给方法。焊丝的供给应掌握 3 个要领，既供给时间、位置和数量。

供给时间：原则上是被焊件升温达到焊料的熔化温度时立即送上焊锡丝。

供给位置：应是在烙铁与被焊件之间并尽量靠近焊盘。

供给数量：应看被焊件与焊盘的大小，焊锡盖住焊盘后焊锡高于焊盘直径的 1/3 即可。

③ 焊接时间及温度设置。温度由实际使用情况决定，以焊接一个锡点 4 秒最为合适，最多不超过 8 秒，平时观察烙铁头，当其发紫时候，表明温度设置过高。

焊接一般直插电子材料，将烙铁头的实际温度设置为 350～370 度；表面贴装物料（SMC），将烙铁头的实际温度设置为 330～350 度。

对于特殊物料，需要特别设置烙铁温度。FPC，LCD 连接器等要用含银锡线，温度一般在 290 度到 310 度之间。

焊接大的元件脚，温度不要超过 380 度，但可以增大烙铁功率。

④ 焊接注意事项：
- ❖ 被焊件必须具备可焊性。
- ❖ 被焊金属表面应保持清洁。
- ❖ 使用合适的助焊剂。
- ❖ 具有适当的焊接温度。
- ❖ 具有合适的焊接时间。

3. 锡点质量的评定

（1）标准的锡点的判定

① 锡点成内弧形。
② 锡点要圆满、光滑、无针孔、无松香渍。
③ 要有线脚，而且线脚的长度要在 1～1.2mm 之间。
④ 零件引脚外形可见，锡的流散性好。
⑤ 锡将整个上锡位及零件脚包围。

标准的锡点详见图 4-20 所示。

（2）不标准锡点的判定

为了保证焊接质量，一般在焊接后都要进行焊点质量检查。焊接中常见的焊点缺陷有焊料过多、过少、虚焊等。焊点缺陷如表 4-2 所示。

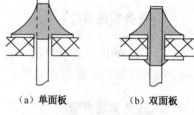

（a）单面板　　（b）双面板

图 4-20　标准的锡点

表 4-2　焊点缺陷

焊点缺陷名称	焊点缺陷图	外观特点	危害	原因分析
焊料过多		焊料面呈凸形	浪费焊料，且容易包藏缺陷	焊锡丝撤离过迟
焊料过少		锡料未形成平滑面	机械强度不足	焊锡丝撤离过早
松香焊		焊缝中夹有松香渣	强度不足，导通不良	助焊剂过多或失效；焊接时间不足，加热不够；表面氧化膜未除去

续表

焊点缺陷名称	焊点缺陷图	外观特点	危害	原因分析
过热		焊点发白，无金属光泽，表面较粗糙	焊盘容易剥落，强度降低	电烙铁功率过大，加热时间过长
冷焊		表面呈现豆腐渣状颗粒，有时可能有裂纹	强度低，导电性不好	焊料未凝固前焊件抖动或电烙铁功率不够
虚焊		焊料与焊件交面接触角过大	强度低，电路不通或时通时断	焊件清理不干净，助焊剂不足或质量差，焊件未充分加热
不对称		焊锡未流满焊盘	强度不足	焊料流动性不好，助焊剂不足或质量差，加热不足
松动		导线或元件引线可动	导通不良或不导通	焊料未凝固前引线移动造成空隙，引脚未处理好（镀锡）
拉尖		出现尖端	外观不佳，容易造成桥接现象	助焊剂过少，而加热时间过长，电烙铁撤离角度不当
桥接		相邻导线连接	电气短路	焊锡过多，电烙铁撤离方向不当
针孔		目测或低倍放大镜可见有孔	强度不足，焊点容易腐蚀	焊盘与引线间隙太大

任务实施

1. 任务实施器材

（1）35W内热式电烙铁、斜口钳、尖嘴钳一套/人。
（2）焊锡丝、松香、元器件、电路板一套/人。

2. 任务实施步骤

操作提示：
（1）检查电源线有无损坏，若有，请用绝缘胶布缠好。
（2）电烙铁不能到处乱放，以防烫伤。
（3）电烙铁要自然冷却。

操作题目1：用"三步"操作法焊接元器件引脚

操作步骤：
（1）准备工作。
（2）烙铁头与焊料同时送入。
（3）同时移开电烙铁和焊锡丝。

操作题目2：用"五步"操作法焊接元器件引脚

操作步骤：

（1）准备工作。
（2）加热被焊件。
（3）放上焊锡丝。
（4）移开焊锡丝。
（5）撤离电烙铁。

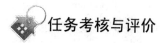

任务考核与评价

表4-3 手工焊接训练考核

任务内容	配 分	评 分 标 准		自 评	互 评	教 师 评
"三步"操作法焊接	45	①准备工作	5分			
		②烙铁头与焊料同时送入	10分			
		③同时移开电烙铁和焊锡丝	10分			
		④焊点质量	20分			
"五步"操作法焊接	55	①准备工作	5分			
		②加热被焊件	6分			
		③放上焊锡丝	8分			
		④移开焊锡丝	8分			
		⑤撤离电烙铁	8分			
		⑥焊点质量	20分			
定额时间	90min	每超过10min		扣10分		
开始时间		结束时间		总评分		

任务2 手工拆焊

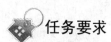

任务要求

通过对电路板上元器件的手工拆焊练习，使学生掌握拆焊的基本技能。

1. 知识目标

（1）了解拆焊工具。
（2）掌握拆焊的基本要领。

2. 技能目标

（1）掌握用镊子进行拆焊的方法。
（2）掌握用吸锡工具进行拆焊的方法。

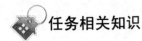 **任务相关知识**

拆焊又称解焊。在调试、维修或焊错的情况下，常常需要将已焊接的连线或元器件拆卸下来，这个过程就是拆焊，它是焊接技术的一个重要组成部分。在实际操作上，拆焊要比焊接更困难，更需要使用恰当的方法和工具。如果拆焊不当，便很容易损坏元器件，或使铜箔脱落而破坏印制电路板。因此，拆焊技术也是应熟练掌握的一项操作基本功。

1. 认识拆焊工具

① 空心针管。可用医用针管改装，要选取不同直径的空心针管若干只，市场上也有出售维修专用的空心针管。

② 吸锡器。用来吸取印制电路板焊盘的焊锡，它一般与电烙铁配合使用。

③ 镊子。拆焊以选用端头较尖的不锈钢镊子为佳，它可以用来夹住元器件引线，挑起元器件引脚或线头。

④ 吸锡绳。一般是利用铜丝的屏蔽线电缆或较粗的多股导线制成。

⑤ 吸锡电烙铁。主要用于拆换元器件，它是手工拆焊操作中的重要工具，用以加热拆焊点，同时吸去熔化的焊料。它与普通电烙铁的不同是其烙铁头是空心的，而且多了一个吸锡装置。

2. 用镊子进行拆焊

在没有专用拆焊工具的情况下，可用镊子进行拆焊，因其方法简单，是印制电路板上元器件拆焊常采用的方法。由于焊点的形式不同，其拆焊的方法也不同。

对于印制电路板中引线之间焊点距离较大的元器件，拆焊时相对容易，一般采用分点拆焊的方法，如图 4-21 所示。操作过程如下：

① 首先固定印制电路板，同时用镊子夹住被拆元器件的一根引线。
② 用电烙铁对被夹引线上的焊点进行加热，以熔化该焊点的焊锡。
③ 待焊点上焊锡全部熔化，将被夹的元器件引线轻轻从焊盘孔中拉出。
④ 然后用同样的方法拆焊被拆元器件的另一根引线。
⑤ 用烙铁头清除焊盘上多余焊料。

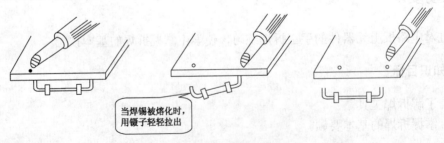

图 4-21 分点拆焊示意图

对于拆焊印制电路板中引线之间焊点距离较小的元器件，如三极管等，拆焊时具有一定的难度，多采用集中拆焊的方法，如图 4-22 所示。操作过程如下：

① 首先固定印制电路板，同时用镊子从元器件一侧夹住被拆焊元器件。

② 用电烙铁对被拆元器件的各个焊点快速交替加热，以同时熔化各焊点的焊锡。

③ 待焊点上的焊锡全部熔化，将被夹的元器件引线轻轻从焊盘孔中拉出。

④ 用烙铁头清除焊盘上多余焊料。

注意：此办法加热要迅速，注意力要集中，动作要快。

图 4-22 集中拆焊示意图

3. 用吸锡工具进行拆焊

（1）用专用吸锡电烙铁进行拆焊

对焊锡较多的焊点，可采用吸锡烙铁去锡脱焊。拆焊时，吸锡电烙铁加热和吸锡同时进行，其操作如下：

① 吸锡时，根据元器件引线的粗细选用锡嘴的大小。

② 吸锡电烙铁通电加热后，将活塞柄推下卡住。

③ 锡嘴垂直对准吸焊点，待焊点焊锡熔化后，再按下吸锡烙铁的控制按钮，焊锡即被吸进吸锡烙铁中。

反复几次，直至元器件从焊点中脱离。

（2）用吸锡器进行拆焊

吸锡器就是专门用于拆焊的工具，装有一种小型手动空气泵。其拆焊过程如下：

① 将吸锡器的吸锡压杆压下。

② 用电烙铁将需要拆焊的焊点熔融。

③ 将吸锡器吸锡嘴套入需拆焊的元件引脚，并没入熔融焊锡。

④ 按下吸锡按钮，吸锡压杆在弹簧的作用下迅速复原，完成吸锡动作。

如果一次吸不干净，可多吸几次，直到焊盘上的锡吸净，而使元器件引脚与铜箔脱离。

（3）用吸锡带进行拆焊

吸锡带是一种通过毛细吸收作用吸取焊料的细铜丝编织带，使用吸锡带去锡脱焊，操作简单，效果较佳。其拆焊操作方法如下：

① 将铜编织带（专用吸锡带）放在被拆焊的焊点上。

② 用电烙铁对吸锡带和被焊点进行加热。

③ 一旦焊料熔化时，焊点上的焊锡逐渐熔化并被吸锡带吸去。

④ 如被拆焊点没完全吸除，可重复进行。每次拆焊时间约 2～3 秒。

4. 拆焊技术的操作要领

（1）严格控制加热的时间与温度

一般元器件及导线绝缘层的耐热较差，受热易损元器件对温度更是十分敏感。在拆焊时，如果时间过长，温度过高会烫坏元器件，甚至会使印制电路板焊盘翘起或脱落，进而给继续装配造成很多麻烦。因此，一定要严格控制加热的时间与温度。

（2）拆焊时不要用力过猛

塑料密封器件、瓷器件和玻璃端子等在加温情况下，强度都有所降低，拆焊时用力过猛会引起器件和引线脱离或铜箔与印制电路板脱离。

（3）不要强行拆焊

不要用电烙铁去撬或晃动接点，不允许用拉动、摇动或扭动等办法去强行拆除焊接点。

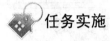 任务实施

1. 任务实施器材

（1）35W 内热式电烙铁、吸锡器、吸锡电烙铁一套/人。

（2）空心针管、镊子、吸锡带、电路板一套/人。

2. 操作提示

（1）被拆焊点的加热时间不能过长。当焊料熔化时，及时将元器件引线按与印制电路板垂直的方向拔出。

（2）尚有焊点没有被熔化的元器件，不能强行用力拉动、摇晃和扭转，以免造成元器件或焊盘的损坏。

（3）拆焊完毕，必须把焊盘孔内的焊料清除干净。

操作题目 1：用镊子进行拆焊

操作方法：

（1）采用分点拆焊方法对分散焊点进行拆焊。

（2）采用集中拆焊方法对集中焊点进行拆焊。

操作题目 2：用吸锡工具进行拆焊

操作方法：

（1）用专用吸锡电烙铁进行拆焊。

（2）用吸锡器进行拆焊。

（3）用吸锡带进行拆焊。

 任务考核与评价（表 4-4）

表 4-4 手工拆焊训练考核

任务内容	配 分	评分标准		自 评	互 评	教 师 评
用镊子进行拆焊	40	①分点拆焊	20分			
		②集中拆焊	20分			
用吸锡工具进行拆焊	60	①吸锡电烙铁进行拆焊	20分			
		②吸锡器进行拆焊	20分			
		③吸锡带进行拆焊	20分			
定额时间	45min	每超过 10min	扣 10 分			
开始时间		结束时间		总评分		

项目五　模拟电子技术基本技能训练

 教学导航

<table>
<tr><td rowspan="5">教</td><td>知识重点</td><td>①各个电路的测试方法；
②各个电路的功能；
③测试工具的使用。</td></tr>
<tr><td>知识难点</td><td>①测试电路与测试电路板之间的对应；
②测试电路的连接；
③测试电路的调试；
④利用万用表进行测试；
⑤利用示波器进行波形测试和波形比较。</td></tr>
<tr><td>推荐教学方式</td><td>①项目教学；
②演示教学；
③边讲解边指导学生动手练习；
④出现问题集中讲解；
⑤多给学生以鼓励。</td></tr>
<tr><td>建议学时</td><td>16学时</td></tr>
<tr><td></td><td></td></tr>
<tr><td rowspan="3">学</td><td>推荐学习方法</td><td>①理论和实践相结合，注重实践；
②课前预习相关知识；
③课上认真听老师讲解，记住操作过程；
④出现问题，查看相关知识，争取自己解决，自己解决不了再向同学或老师寻求帮助；
⑤课后及时完成报告。</td></tr>
<tr><td>必须掌握的理论知识</td><td>①各个测试电路的功能；
②对电路进行功能分析的方法。</td></tr>
<tr><td>必须掌握的技能</td><td>①按照测试电路图正确连接电路；
②正确使用万用表进行测量；
③正确使用示波器进行波形测试和比较；
④正确分析测试结果。</td></tr>
</table>

任务1　直流稳压电源功能测试

任务要求

通过对直流稳压电源的功能测试，使学生掌握整流电路、滤波电路以及稳压电路的组成及功能。

1. 知识目标

（1）掌握整流电路的工作原理。
（2）掌握滤波电路的工作原理。
（3）了解稳压电路的稳压过程。

2. 技能目标

（1）掌握整流电路的搭建方法。
（2）掌握滤波电路的搭建方法。
（3）掌握稳压电路的搭建方法。
（4）掌握利用示波器测试电路波形的方法。

任务相关知识

直流稳压电源广泛应用于实验室、工矿企业、电解、电镀、充电设备等的直流供电。当由交流电网供电时，则需要把电网供给的交流电转换为稳定的直流电。直流稳压电源一般由变压器、整流、滤波和稳压电路等几部分组成。如图5-1所示。

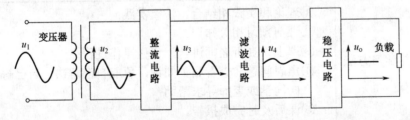

图5-1　直流稳压电源的组成

1. 整流电路

所谓整流，就是将交流电变成脉动直流电。利用二极管的单向导电性可组成单相和三相整流电路，再经过滤波和稳压，就可以得到平稳的直流电。

常见的整流电路有半波整流电路和全波整流电路。

（1）单相半波整流电路

基本的单相半波整流电路如图5-2所示，电路中只使用一只二极管。

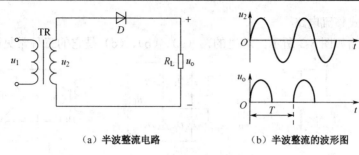

(a) 半波整流电路　　　　　(b) 半波整流的波形图

图 5-2　半波整流电路及波形图

单相半波整流电路的工作原理是：交流电压 u_2 作用在二极管与负载 R_L 串联的电路上，在交流电压 u_2 的正半周，二极管上的电压正向偏置，二极管导电。如果忽略二极管正向电压，则负载 R_L 上的电压 u_o 与交流电压 u_2 的正半波相等，即正半周的电压全部作用在负载上；当交流电压 u_2 变成负半周时，二极管工作在反向电压下，二极管不导电，电路中没有电流，负载 R_L 上没有电压，交流电压 u_2 的负半周全部作用在二极管上。整流波形如图 5-2 (b) 所示。

如果交流电压为正弦波，即 $u_2 = \sqrt{2}U_2\sin\omega t$，可将二极管视为一个理想元件，即正向导通时管压降为零，反向时电阻为无穷大。单相半波整流电路的整流输出电压 u_o 的平均值 U_o 为：

$$U_o = \frac{1}{T}\int_0^{\frac{T}{2}} u_2 \mathrm{d}t = \frac{1}{T}\int_0^{\frac{T}{2}} \sqrt{2}U_2\sin\omega t \mathrm{d}t = 0.45U_2$$

则输出电流

$$I_o = \frac{U_o}{R_L} = 0.45\frac{U_2}{R_L}$$

单相半波整流电路中作用在二极管上的最大反向电压 U_{RM} 等于被整流的交流电压 u_2 的最大值，即 $U_{RM} = \sqrt{2}U_2$。

整流二极管的主要参数是流过二极管的正向电流的平均值和二极管所允许承受的最大反向工作电压。即：
二极管正向平均电流 I_D

$$I_D = I_o = \frac{0.45U_2}{R_L}$$

二极管承受的最大反向电压 U_{RM}

$$U_{RM} = \sqrt{2}U_2$$

所以，选择半波整流电路中的整流二极管时，应满足：$I_{FM} > I_o$，$U_{RM} > \sqrt{2}U_2$。

单相半波整流电路的特点：电路结构简单，所用元器件少，但是只利用了交流电源的半个周期，电源利用率低，输出直流电压小，脉动幅度大，整流效率低。这种电路仅适用于整流电流较小（几十毫安）和对电压稳定性要求不高的应用场合。

（2）单相桥式整流电路

桥式整流电路如图 5-3 所示，这里的图（a）、（b）、（c）是它的三种常见画法。

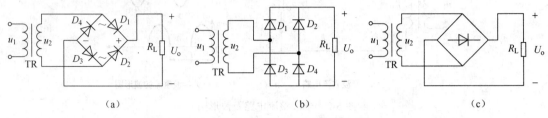

图 5-3 常见的三种桥式整流电路画法

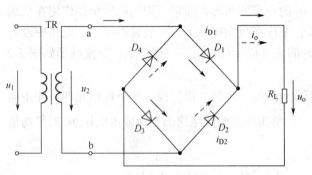

图 5-4 桥式整流电路

图中 TR 为电源变压器，它的作用是将交流电网电压 u_1 变成整流电路要求的交流电压 $u_2 = \sqrt{2}\,U_2 \sin\omega t$，$R_L$ 是要求直流供电的负载电阻，四只整流二极管接成电桥的形式，故有桥式整流电路之称。

在电源电压 u_2 的正、负半周（设 a 端为正，b 端为负时是正半周）内电流通路分别用图 5-4 中实线和虚线箭头表示。

在 u_2 的正半周，即 a 点为正，b 点为负时，D_1、D_3 承受正向电压而导通，此时有电流流过 R_L，电流路径为 a→D_1→R_L→D_3→b，此时 D_2、D_4 因反偏而截止，负载 R_L 上得到一个半波电压，电压、电流波形如图 5-5（b）中的 0～π 段所示。若略去二极管的正向压降，则 $u_o \approx u_2$。

电压、电流波形在 u_2 的负半周，即 a 点为负，b 点为正时，D_1、D_3 因反偏而截止，D_2、D_4 正偏而导通，此时有电流流过 R_L，电流路径为 b→D_2→R_L→D_4→a。这时 R_L 上得到一个与 0～π 段相同的半波电压，电压、电流波形如图 5-5（b）中的 π～2π 段所示，若略去二极管的正向压降，$u_o \approx -u_2$。负载 R_L 上的电压 u_o 的波形如图 5-5 所示。电流 i_o 的波形与 u_o 的波形相同。显然，它们都是单方向的全波脉动波形。

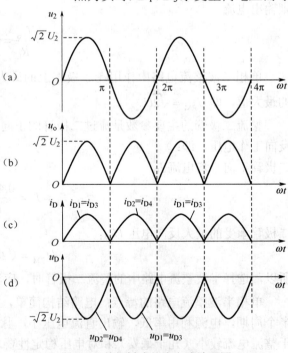

图 5-5 单相桥式整流电路波形图

单相桥式整流电压的平均值为：

$$U_\text{o} = \frac{1}{\pi}\int_0^\pi \sqrt{2}U_2 \sin\omega t\,\mathrm{d}\omega t = \frac{2\sqrt{2}}{\pi}U_2 \approx 0.9U_2$$

直流电流为：
$$I_\text{o} = \frac{0.9U_2}{R_\text{L}}$$

在桥式整流电路中，二极管 D_1、D_3 和 D_2、D_4 是两两轮流导通的，所以流经每个二极管的平均电流为：

$$I_\text{D} = \frac{1}{2}I_\text{L} = \frac{0.45U_2}{R_\text{L}}$$

二极管在截止时管子承受的最大反向电压可从图 5-5 看出。在 U_2 正半周时，D_1、D_3 导通，D_2、D_4 截止。此时 D_2、D_4 所承受到的最大反向电压均为 U_2 的最大值，即：

$$U_\text{DRM} = \sqrt{2}U_2$$

同理，在 U_2 的负半周 D_1、D_3 也承受同样大小的反向电压。

桥式整流电路的优点是输出电压高，纹波电压较小，管子所承受的最大反向电压较低，同时，因电源变压器在正负半周内都有电流供给负载，电源变压器得到充分的利用，效率较高。因此，这种电路在半导体整流电路中得到了广泛的应用。电路的缺点是二极管用得较多。在半导体器件发展快、成本较低的今天，此缺点并不突出。

2. 滤波电路

单相半波和桥式整流电路的输出电压中都含有较大的脉动成分，除了在一些特殊场合（如电镀、电解和充电电路）可以直接应用外，不能作为电源为电子电路供电，必须得采取措施减小输出电压中的交流成分，使输出电压接近于理想的直流电压。这种措施就是采用滤波电路。

构成滤波器的主要元件是电容器和电感器。由于电容器和电感器对交流电和直流电呈现的电抗不同，如果把它们合理地安排在电路中，就可以达到减小交流成分，保留直流成分的目的，实现滤波的作用。

常见的几种滤波器如图 5-6 所示。

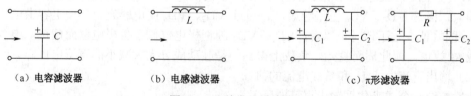

（a）电容滤波器　　（b）电感滤波器　　（c）π形滤波器

图 5-6　几种常见的滤波器

图 5-7 所示电路是单相桥式整流电容滤波电路。图 5-8 是电路中各点的电压和电流的波形图。

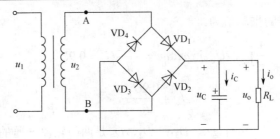

图 5-7　电容滤波电路

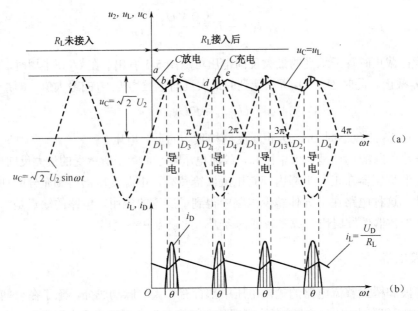

图 5-8　全波整流电路的电压、电流波形

（1）工作原理

设电容 C 上初始电压为零。接通电源时 u_2 由零逐渐增大，二极管 VD_1、VD_3 正偏导通，此时 u_2 经二极管 VD_1、VD_3 向负载 R_L 提供电流，同时向电容器充电，因充电时间常数很小（$\tau_充 = R_n C$，R_n 是由电源变压器内阻、二极管正向导通电阻构成的总等效直流电阻），电容上电压很快充到 u_2 的峰值，即 $u_c = U_2$。u_2 达到最大值以后按正弦规律下降，当 $u_2 < u_c$ 时，VD_1、VD_3 的正极电位低于负极电位，所以 VD_1、VD_3 截止，电容只能通过负载 R_L 放电。放电时间常数：$\tau_放 = R_L C$，放电时间常数越大，放电就越慢，u_o（即 u_c）的波形就越平滑。在 u_2 的负半周，二极管 VD_2、VD_4 正偏导通，u_2 通过 VD_2、VD_4 向电容充电，使电容上电压很快充到 u_2 的峰值。过了该时刻以后，VD_2、VD_4 因正极电位低于负极电位而截止，电容又通过负载 R_L 放电，如此周而复始。负载上得到的是脉动成分大大减小的直流电压。

（2）输出直流电压 U_o 和负载电流的估算

一般按经验公式来估算输出直流电压 U_o：

$$U_o \approx 1.2 U_2$$

负载电流 I_o：

$$I_o = 1.2 U_2 / R_L$$

在半波整流电容滤波时，输出直流电压 U_o：

$$U_o \approx U_2$$

需要注意的是,在上述输出电压的估算中,都没有考虑二极管的导通压降和变压器副边绕组的直流电阻。在设计直流电源时,当输出电压较低时(10V 以下),应该把上述因素考虑进去,否则实际测量结果与理论设计差别较大。实践经验表明,在输出电压较低时,按照上述公式的计算结果再减去 2V(二极管的压降和变压器绕组的直流压降之和),可以得到与实际测量相符的结果。

电容滤波具有几个特点:输出电压提高、脉动成分减小、二极管导通时间大大减少。

由于二极管在短暂的导电时间内要流过一个很大的冲击电流,才能满足负载电流的需要,所以在选用二极管时,二极管的工作电流应远小于二极管的正向整流电流 I_F,这样才能保证二极管的安全。二极管承受的反向电压 U_2 应小于二极管的最大反向耐压值 U_{RM}。

(3) 滤波电容器的选择

在负载 R_L 一定的条件下,电容 C 越大,滤波效果越好,电容量的值经过实验可按下述公式选取:

$$C \geq 2T/R_L \quad (T\text{ 为交流电压周期})$$

电容器的耐压值:$U_C > 2U_2$

滤波电容器型号的选定应查阅有关器件手册,并取电容器的系列标称值。

电容滤波电路结构简单,使用方便,但是当负载电流较大时会造成输出电压下降,纹波增加。所以电容滤波适合在负载电流较小和输出电压较高的情况下使用。如在各种家用电器的电源电路上,电容滤波是被广泛应用的滤波电路。

(4) 电感滤波电路

图 5-9 为桥式整流电感滤波电路,电感 L 串联在负载 R_L 回路中。由于电感的直流电阻很小,交流阻抗很大,因此直流分量经过电感后基本上没有损失,而交流分量大部分降在电感上,所以减小了输出电压中的脉动成分,负载 R_L 上得到了较为平滑的直流电压。电感滤波的波形如图 5-10 所示。

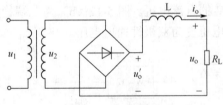
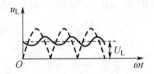

图 5-9 电感滤波电路图　　图 5-10 全波整流电感滤波电路波形

在忽略滤波电感上的直流压降时,输出的直流电压 U_o:

$$U_o = 0.9 U_2$$

电感滤波的优点是输出特性比较平坦,而且电感越大,负载阻值越小,输出电压的脉动就越小,适用于电压低、负载电流较大的场合,如工业电镀等。其缺点是体积大,成本高,有电磁干扰。

3. 稳压电路

将许多调整电压的元器件集成在体积很小的半导体芯片上即成为集成稳压器,使用时只要外接很少的元件即可构成高性能的稳压电路。由于集成稳压器具有体积小、重量轻、可靠性高，使用灵活和价格低廉等优点，在实际工程中得到了广泛应用。集成稳压器的种类很多，以三端式集成稳压器的应用最为普遍。

（1）三端固定输出式集成稳压器系列

常用的三端固定输出式集成稳压器有输出为正电压的 W7800 系列和输出为负电压的 W7900 系列。图 5-11 为 W7800 系列的外形、电路符号及基本接法。W7800 系列三端稳压块的输出电压有 5V、6V、9V、12V、15V、18V 和 24V 共 7 个规格。型号（也记为 W78××）的后两位数字表示其输出电压的稳压值。例如，型号为 W7805 和 W7812 的集成块，其输出电压分别为 5V 和 12V。W7900 系列的稳压块其输出电压的规格值与 W7800 系列相同，但其管脚编号与 W7800 系列不同。

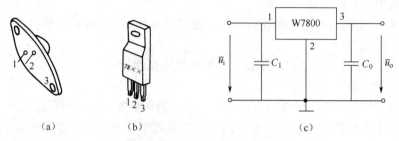

图 5-11　W7800 系列集成稳压器

（2）三端固定输出稳压集成电路的应用电路

① 基本电路。图 5-11（c）为三端集成稳压器使用时的基本电路接法。外接电容 C_1 用以抵消因输入端线路较长而产生的电感效应，可防止电路自激振荡。外接电容 C_0 可消除因负载电流跃变而引起输出电压的较大波动。图中 $\bar{u}_i$ 为整流滤波后的直流电压，$\bar{u}_o$ 为稳压后的输出电压。

② 双极性电压输出电路。图 5-12（a）为用 W7815 和 W7915 组成的双极性稳压电源输出电路，可同时向负载提供+15V 和-15V 的直流电压。图 5-12（b）为三端稳压器外接一个集成运放所组成的反相器，可将单极性电压变为双极性输出电压。

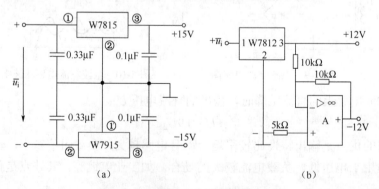

图 5-12　双极性正、负电压输出电路

4. 直流稳压电源电路

图 5-13 所示的电路为固定式输出的直流稳压电源的电路图，它的功能是将交流电转换成稳定输出的直流电，本图的输出为 15V 的直流电。

项目五　模拟电子技术基本技能训练

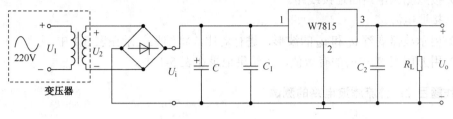

图 5-13　直流稳压电源

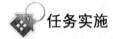 **任务实施**

1. 任务实施器材

（1）万用表一块/组。
（2）示波器一台/组。
（3）实验台一台/组。

2. 操作提示

（1）操作一定要注意安全，不要将二极管接反，否则会烧毁器件。
（2）切勿短接变压器的任意两端。
（3）注意电解电容的极性，不要接反。
（4）一定要确定接线无误后再进行通电测试。

操作题目 1：桥式整流电路的测试

操作方法：

（1）分析测试电路图，测试电路图如图 5-14 所示。
（2）熟悉测试板，测试板如图 5-15 所示，将测试电路图与测试板上的元器件一一对应。

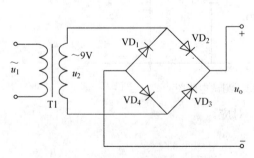

图 5-14　桥式整流测试电路图

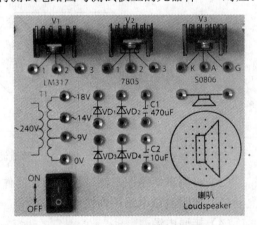

图 5-15　桥式整流测试板

（3）按照测试电路图连接线路。
（4）接通电源。
（5）用示波器观察 u_o 和 u_2 的波形，进行对比，将结果记录在表 5-1 中。
（6）用万用表测出 u_o 的有效值，将结果记录在表 5-1 中。

操作题目 2：整流滤波电路的测试

操作方法：

（1）分析测试电路图，测试电路图如图 5-16 所示。

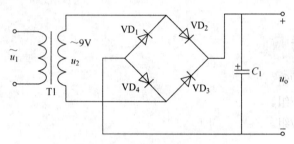

图 5-16 整流滤波测试电路图

（2）将测试电路图与测试板上的元器件一一对应。
（3）按照测试电路图连接线路。
（4）接通电源。
（5）用示波器观察 u_o 和 u_2 的波形，进行对比，将结果记录在表 5-1 中。
（6）用万用表测出 u_o 的有效值，将结果记录在表 5-1 中。

操作题目 3：整流滤波稳压电路的测试

操作方法：

（1）分析测试电路图，测试电路图如图 5-17 所示。

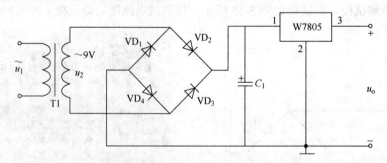

图 5-17 整流滤波稳压测试电路图

（2）将测试电路图与测试板上的元器件一一对应。
（3）按照测试电路图连接线路。
（4）接通电源。
（5）用示波器观察 u_o 和 u_2 的波形，进行对比，将结果记录在表 5-1 中。
（6）用万用表测出 u_o 的有效值，将结果记录在表 5-1 中。

表 5-1 测试的波形和数据

测试项目 \ 电路形式	桥式整流电路	整流滤波电路	整流滤波稳压电路
u_o 的有效值			
波形	u_2-t, u_o-t	u_2-t, u_o-t	u_2-t, u_o-t

任务考核与评价（表 5-2）

表 5-2 直流稳压电源功能测试考核

任务内容	配分	评分标准		自 评	互 评	教师评
桥式整流电路的测试	40	①线路的连接	20 分			
		②波形的测试	15 分			
		③u_o 有效值的测试	5 分			
整流滤波电路的测试	30	①线路的连接	10 分			
		②波形的测试	15 分			
		③u_o 有效值的测试	5 分			
整流滤波稳压电路的测试	30	①线路的连接	10 分			
		②波形的测试	15 分			
		③u_o 有效值的测试	5 分			
定额时间	90min	每超过 5min	扣 10 分			
开始时间		结束时间		总评分		

任务 2 单管放大电路功能测试

任务要求

通过对单管放大电路的功能测试，使学生了解放大的实质，掌握放大的静态工作点和动态工作点的测试方法。

1. 知识目标

（1）掌握单管放大电路的电路图。
（2）了解并分析静态工作点对放大器性能的影响。

2. 技能目标

（1）熟悉所用仪器设备的使用方法及电路的原理和连线。
（2）学会放大器静态工作点的调试方法。
（3）掌握放大器动态工作点的调试及电压放大倍数、输入电阻、输出电阻和最大不失真输出电压的测试方法。

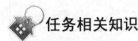任务相关知识

放大电路的应用十分广泛，无论是日常使用的收音机、扩音器，还是精密的测量仪器和复杂的自动控制系统等，其中通常都有各种各样的放大电路。放大的前提是不失真，即只有在不失真的情况下放大才有意义。

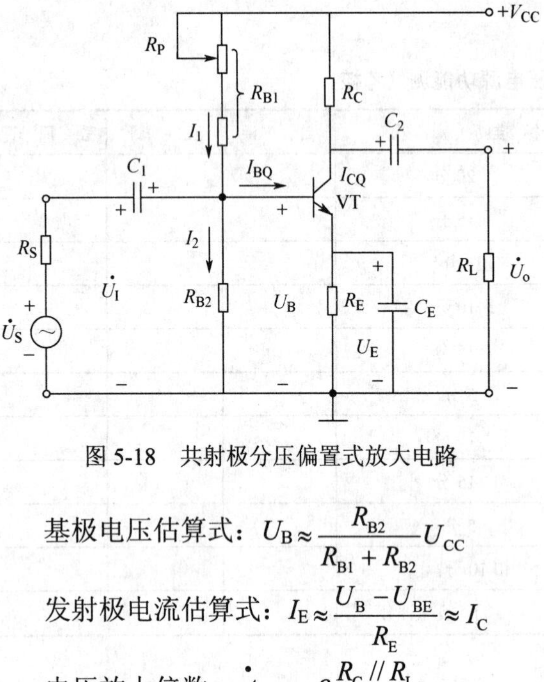

图 5-18 为共射极分压偏置式放大电路。它的偏置电路采用 R_{B1} 和 R_{B2} 组成分压电路，并在发射极中串接电阻 R_E，以稳定放大器的静态工作点。当放大器的输入端加入输入信号 u_i 后，在放大器的输出端就可得到一个与输入信号 u_i 相位相反，幅度被放大了的输出信号 u_o，从而实现了电压放大。

在图 5-18 电路中，当流过偏置电阻 R_{B1} 和 R_{B2} 的电流远大于（一般为 5～10 倍）晶体管 VT 的基极电流 I_B 时，则它的静态工作点可以用以下公式进行估算。

图 5-18 共射极分压偏置式放大电路

基极电压估算式： $U_B \approx \dfrac{R_{B2}}{R_{B1}+R_{B2}} U_{CC}$

发射极电流估算式： $I_E \approx \dfrac{U_B - U_{BE}}{R_E} \approx I_C$

电压放大倍数： $\dot{A}_u = -\beta \dfrac{R_C // R_L}{r_{be}}$

输入电阻： $r_i = R_{B1} // R_{B2} // r_{be}$

输出电阻估算式： $r_o \approx R_C$

1. 放大器静态工作点的测量与调试

（1）测量静态工作点

测量放大器的静态工作点，应在输入信号 $u_i=0$ 的情况下进行，即放大器输入端与地端短接，然后用量程合适的直流电压表和直流毫安表分别测量晶体管的集电极电流 I_C 以及各极对地的电压 U_B、U_C 和 U_E。

如果无法断开集电极，也可采用测量电压 U_C 或 U_E，再根据 U_C 或 U_E，算出 I_C 的方法。

例如，只要测出 U_C，即可用公式 $I_C=\dfrac{U_{CC}-U_C}{R_C}$ 算出 I_C，由 U_C 确定 I_C（也可根据 $I_C\approx I_E=\dfrac{U_E}{R_E}$ 算出 I_C），同时也能算出 U_{BE}（$U_{BE}=U_B-U_E$）。

（2）调试静态工作点

调试放大器的静态工作点是指对管子的集电极电流 I_C（或 U_{CE}）的调整与调试。

静态工作点是否合适，对放大器的性能和输出波形有很大的影响。若工作点偏高，放大器加入交流信号以后，输出电压 u_o 易产生饱和失真（即 u_o 波形的底部被削掉），如图 5-19（a）所示；若工作点偏低，放大器的输出电压 u_o 易产生截止失真（即 u_o 波形的顶端被削掉），如图 5-19（b）所示。上述情况都不符合不失真放大的要求，所以在选定工作点后还必须进行动态调试，即在放大器的输入端加入一定的输入电压 u_i 并直接用示波器观察输出波形是否失真，若产生失真，则应重新调节静态工作点的位置。

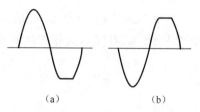

图 5-19 饱和和截止失真波形

改变电路参数 U_{CC}、R_C、R_B（R_{B1}，R_{B2}）、R_E 都会引起静态工作点的变化，但通常用调节基极偏置电阻 R_{B1} 的方法来改变静态工作点，如减小或增大 R_{B1}（调节 R_P 实现），则可使静态工作点上升或下降。

最后还要说明的是，上述所说的静态工作点"偏高"或"偏低"不是绝对的，应该是相对信号的幅度而言，如输入信号 u_i 幅度很小，即使工作点较高或较低，也不一定会出现失真。所以说，为避免输出电压的波形失真，静态工作点最好尽量靠近交流负载线的中点。

2. 放大器动态指标测试

放大器的动态指标包括：电压放大倍数、输入电阻、输出电阻和最大不失真输出电压（动态范围）等。

（1）电压放大倍数 A_u 的测量

调整放大器到合适的静态工作点，然后加入输入电压 u_i，在输出电压 u_o 不失真的情况下，测出 u_i 和 u_o 的有效值 U_i 和 U_o，则：

$$A_u=\dfrac{U_o}{U_i}$$

（2）输入电阻 r_i 的测量

为了测量放大器的输入电阻，按图 5-20 所示电路在被测放大器的输入端与信号源之间串接一已知阻值的电阻 R，在放大器正常工作的情况下，用交流毫伏表测出 U_S 和 U_i，则根据输入电阻的定义可得：

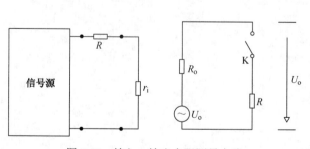

图 5-20 输入、输出电阻测量电路

$$r_i=\dfrac{U_i}{I_i}=\dfrac{U_i}{\dfrac{U_R}{R}}=\dfrac{U_i}{U_S-U_i}R$$

注意：

① 由于电阻 R 两端没有电路公共接地点，所以测量 R 两端的电压 U_R 时必须分别测出 U_S 和 U_i，然后按 $U_R=U_S-U_i$ 求出 U_R 的值。

② 电阻 R 的值不宜取得过大或过小，以免产生较大的测量误差，通常 R 与 r_i 取同一个数量级，本实验可取 $R=3\sim 5\text{k}\Omega$。

（3）输出电阻 r_o 的测量

如图 5-20 中电路所示，在放大器正常工作条件下，测出输出端不接负载 R_L（断开 K）的输出电压 U_o 和接入负载（合上 K）后的输出电压 U_L，根据下式可得：

$$U_L = \frac{R_L}{r_o + R_L} U_o$$

即可求出：

$$r_o = \left(\frac{U_o}{U_L} - 1\right) R_L$$

注意：必须保持 R_L 接入前后信号的大小不变。

（4）最大不失真的输出电压 $U_{\text{op-p}}$ 的测量（最大动态范围）

为了得到最大动态范围，应将静态工作点设在交流负载线的中点。为此在放大器正常工作情况下，逐渐增大输入信号 u_i 的幅度，同时配合调节 R_P（改变静态工作点位置），用示波器观察输出信号 u_o 的波形，当逐渐将输入信号 u_i 的幅度增大到输出信号 u_o 的波形的同时出现削底和削顶失真现象时，说明静态工作点已调在交流负载线的中点。然后再逐渐减小输入信号 u_i 的幅度，使削底和削顶失真同时消失（反复调节输入信号和 R_P 来实现），使输出信号幅度最大且不失真（最大动态范围）时，用交流毫伏表测出 U_o（有效值），或用示波器直接读出最大不失真电压 $U_{\text{op-p}}$，应有 $U_{\text{op-p}} = 2\sqrt{2} U_o$。

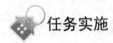

任务实施

1. 任务实施器材

（1）万用表一块/组。
（2）示波器一台/组。
（3）直流数字毫安表一台/组。
（4）函数信号发生器一台/组。
（5）实验台一台/组。

2. 操作提示

（1）操作一定要注意安全，不要将三极管的三个极接错。
（2）一定要确定接线无误后再进行通电测试。

操作题目1：单管放大电路静态工作点的测试

操作方法：

（1）分析测试电路图，测试电路图如图5-21所示。

（2）熟悉测试板，测试板如图5-22所示，将测试电路图与测试板上的元器件一一对应。

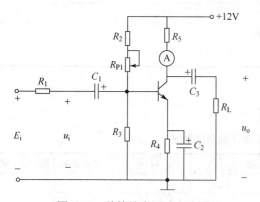

图5-21 单管放大测试电路图　　　　图5-22 单管放大测试板图

（3）检查实验台提供的电源电压是否是12V。

（4）按照测试电路图连接线路。

（5）将R_{P1}调到最大，函数信号发生器输出旋钮调到零。

（6）接通电源。

（7）调整R_{P1}，观察直流数字毫安表的示数，当示数为1mA时，停止调整R_{P1}。

（8）用万用表测出三极管V_1三个极的电位V_B、V_C和V_E，将结果记录在表5-3中。

表5-3 单管放大电路静态工作点的测试数据

测试项目	V_B/V	V_C/V	V_E/V
数据			

操作题目2：单管放大电路动态工作点的测试

操作方法：

（1）保持已调好的静态工作点，增大函数信号发生器输出值。

（2）用示波器观察u_i和u_o的波形，进行对比，当输出波形不失真时，将结果记录在表5-4中。

（3）用万用表测出u_i和u_o的有效值，并计算出电压放大倍数A_u，将结果记录在表5-4中。

表5-4 单管放大电路动态工作点的测试的数据

测试项目	U_i/V	U_o/V	$A_u=U_o/U_i$
数据			

（4）调整R_{P1}，观察u_o的波形，将结果记录在表5-5中。

表 5-5　静态工作点对输出信号影响的测试数据

测 试 条 件	增大 R_{b1}	减小 R_{b1}
u_o 的波形		
失真类型		
结论	静态工作点对输出信号的影响：	

任务考核与评价（表 5-6）

表 5-6　单管放大电路功能测试考核

任务内容	配分	评分标准		自评	互评	教师评
单管放大电路静态工作点的测试	40	①线路的连接	20 分			
		②静态工作点的调整	10 分			
		③V_B、V_C 和 V_E 的测量	10 分			
单管放大电路动态工作点的测试	60	①u_i 和 u_o 的测量	20 分			
		②A_u 的计算	10 分			
		③波形的绘制	20 分			
		④结论	10 分			
定额时间	90min	每超过 5min	扣 10 分			
开始时间		结束时间		总评分		

任务 3　负反馈放大电路功能测试

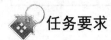 任务要求

通过对负反馈放大电路的功能测试，使学生了解反馈的实质，掌握负反馈在放大电路中的作用及测试方法。

1. 知识目标

（1）了解电压串联负反馈对放大电路性能的影响。
（2）掌握反馈的定义以及负反馈的作用。

2. 技能目标

（1）熟悉所用仪器设备的使用方法及电路的原理和连线。
（2）掌握负反馈放大电路性能指标的测量方法。
（3）掌握静态工作点的调试方法、按图接线和查线的能力。

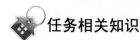

任务相关知识

负反馈在电子电路中有着非常广泛的应用，虽然它会使放大电路的放大倍数降低，但能在多方面改善放大电路的动态指标，如能稳定放大倍数，改变输入、输出电阻，减小非线性失真和展宽通频带等。因此，几乎所有的实用放大电路都带有负反馈。

负反馈放大器有四种组态，即电压串联，电压并联，电流串联，电流并联。

图 5-23 为带有负反馈的两级阻容耦合放大电路，在电路中通过电阻 R_{13} 把输出电压 U_o 引回到输入端，加在晶体管 V_1 的发射极上，在发射极电阻 R_5 上形成反馈电压 U_f。根据反馈的判断法可知，它属于电压串联负反馈。

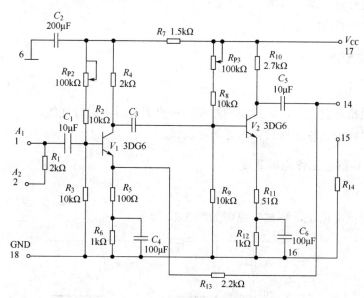

图 5-23 电压串联负反馈放大电路

主要性能指标如下：

（1）闭环电压放大倍数 A_{Vf}

$$A_{Vf} = \frac{A_V}{1 + A_V F_V}$$

其中 $A_V = U_o/U_i$——基本放大器（无反馈）的电压放大倍数，即开环电压放大倍数。

$1 + A_V F_V$——反馈深度，它的大小决定了负反馈对放大器性能改善的程度。

（2）反馈系数

$$F_V = \frac{R_{F1}}{R_f + R_{F1}}$$

（3）输入电阻

$$r_{1f} = (1 + A_V F_V) r_i'$$

r_i'——基本放大器的输入电阻（不包括偏置电阻）。

（4）输出电阻

$$r_{or} = \frac{r_o}{1 + A_{VO} F_V}$$

r_o——基本放大器的输出电阻。

A_{VO}——基本放大器 R_L 为无穷大时的电压放大倍数。

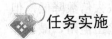 任务实施

1. 任务实施器材

（1）万用表一块/组。

（2）示波器一台/组。

（3）函数信号发生器一台/组。

（4）实验台一台/组。

2. 任务实施步骤

操作提示：

（1）电路板相对较复杂，一定要和原理图对照清楚后再进行连线。

（2）一定要确定接线无误后再进行通电测试。

操作题目 1：静态工作点的测试

操作方法：

（1）分析测试电路图，测试电路图如图 5-24 所示。

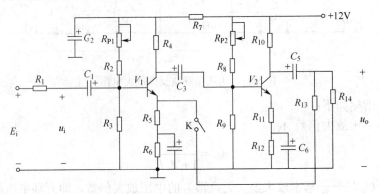

图 5-24　单管放大测试电路图

（2）熟悉测试板，测试板如图 5-25 所示，将测试电路图与测试板上的元器件一一对应。

图 5-25　单管放大测试板

（3）检查实验台提供的电源电压是否是 12V。

（4）按照测试电路图连接线路，不用引入反馈（将 K 断开）。

（5）将 R_{P1} 和 R_{P2} 调到最大，函数信号发生器输出大约 $f=1kHz$，E_i 约为 5mV 的正弦信号。

（6）接通电源。

（7）调整 R_{P1} 和 R_{P2}，用示波器观察输出 U_o 波形，直到波形为正弦波，停止调整 R_{P1} 和 R_{P2}。

(8)用万用表测出两个三极管三个极的电位 V_B、V_C 和 V_E,将结果记录在表 5-7 中。

表 5-7 负反馈放大电路静态工作点的测试数据

测 试 项 目	V_B/V	V_C/V	V_E/V
三极管 V_1 数据			
三极管 V_2 数据			

操作题目 2:动态工作点的测试

操作方法:

(1)保持已调好的静态工作点,用示波器观察 u_i 和 u_o 的波形,引入反馈(将 K 闭合),观察 u_{of} 的波形,进行对比,将结果记录在表 5-8 中。

表 5-8 负反馈放大电路波形

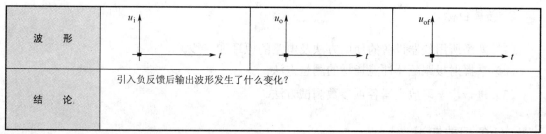

(2)用万用表测出 u_i、u_o 和 u_{of} 的有效值,并计算出电压放大倍数 A_u 和 A_{uf},将结果记录在表 5-9 中。

表 5-9 负反馈放大电路的动态测试数据

测 试 项 目	U_i/V	U_o/V	U_{of}/V	$A_u=U_o/U_i$	$A_{uf}=U_{of}/U_i$
数 据					

 任务考核与评价(表 5-10)

表 5-10 负反馈放大电路功能测试考核

任务内容	配分	评分标准		自 评	互 评	教师评
负反馈放大电路静态工作点测试	50	①线路的连接	20 分			
		②静态工作点的调整	10 分			
		③V_1 的 V_B、V_C 和 V_E 的测量	10 分			
		④V_2 的 V_B、V_C 和 V_E 的测量	10 分			
负反馈放大电路动态工作点测试	50	①波形的绘制	20 分			
		②结论	5 分			
		③u_i、u_o 和 u_{of} 的测量	15 分			
		④A_u 和 A_{uf} 的计算	10 分			
定额时间	90min	每超过 5min	扣 10 分			
开始时间		结束时间		总评分		

任务 4　射极跟随器功能测试

任务要求

通过对射极跟随器的功能测试，使学生了解射极跟随器的实质，掌握射极跟随器在放大电路中的作用及测试方法。

1. 知识目标

（1）了解射极跟随器的定义。
（2）掌握射极跟随器的作用。

2. 技能目标

（1）熟悉所用仪器设备的使用方法及电路的原理和连线。
（2）掌握射极跟随器性能指标的测量方法。
（3）进一步学习放大器各项参数测试方法。

任务相关知识

射极跟随器的原理图如图 5-26 所示。它是一个电压串联负反馈放大电路，它具有输入电阻高，输出电阻低，电压放大倍数接近于 1，输出电压能够在较大范围内跟随输入电压线性变化以及输入与输出信号同相等特点。

射极跟随器的输出取自发射极，故称其为射极跟随器。

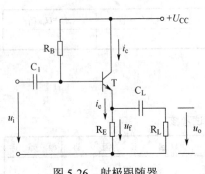

图 5-26　射极跟随器

1. 输入电阻 R_i

输入电阻：$R_i = r_{be} + (1+\beta) R_E$

如考虑偏置电阻 R_B 和负载 R_L 的影响，则：

$$R_i = R_B // [r_{be} + (1+\beta)(R_E // R_L)]$$

由上式可知射极跟随器的输入电阻（R_i）比共射极单管放大器的输入电阻（$R_i = R_B // r_{be}$）要高得多，但由于偏置电阻 R_B 的分流作用，输入电阻难以进一步提高。

2. 输出电阻 R_o

输出电阻：$R_o = \dfrac{r_{be}}{\beta} // R_E \approx \dfrac{r_{be}}{\beta}$

如考虑信号源内阻 R_S，则：

$$R_o = \frac{r_{be}+(R_S//R_E)}{\beta}//R_E \approx \frac{r_{be}+(R_S//R_E)}{\beta}$$

由上式可知射极跟随器的输出电阻（R_o）比共射极单管放大器的输出电阻（$R_o \approx R_C$）低得多。三极管的 β 越高，输出电阻越小。

输出电阻 R_o 的测试方法与其在单管放大器中相同，即先测出空载输出电压 U_o，再测接入负载 R_L 后的输出电压 U_L，根据

$$U_L = \frac{R_L}{R_o+R_L}U_o$$

即可求出 R_o。

$$R_o = \left(\frac{U_o}{U_L}-1\right)R_L$$

3. 电压放大倍数

电压放大倍数：
$$A_V = \frac{(1+\beta)(R_E//R_L)}{r_{be}+(1+\beta)(R_E+R_L)} \leqslant 1$$

上式说明射极跟随器的电压放大倍数小于等于 1，且为正值。这是深度电压负反馈的结果。但它的射极电流仍比基流大（1+β）倍，所以它具有一定的电流和功率放大作用。

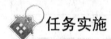

任务实施

1. 任务实施器材

（1）万用表一块/组。
（2）示波器一台/组。
（3）函数信号发生器一台/组。
（4）实验台一台/组。

2. 任务实施步骤

操作提示：
（1）操作一定要注意安全，不要将三极管的三个极接错。
（2）一定要确定接线无误后再进行通电测试。

操作题目 1：静态工作点的测试

操作方法：
（1）分析测试电路图，测试电路图如图 5-27 所示。
（2）熟悉测试板，测试板如图 5-28 所示，将测试电路图与测试板上的元器件一一对应。
（3）检查实验台提供的电源电压是否是 12V。
（4）按照测试电路图连接线路。

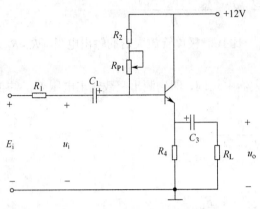

图 5-27 射极跟随器测试电路图

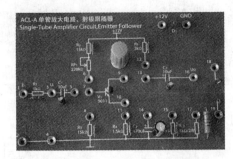

图 5-28 射极跟随器测试板

（5）将 R_{P1} 调到最大，函数信号发生器输出频率大约为 1kHz，E_i 约为 5mV 的正弦信号。

（6）接通电源。

（7）调整 R_{P1}，用示波器观察 U_o 波形，直到波形为正弦波，停止调整 R_{P1}。

（8）用万用表测出三极管三个极的电位 V_B、V_C 和 V_E，将结果记录在表 5-11 中。

表 5-11 射极跟随器静态工作点的测试数据

测试项目	V_B/V	V_C/V	V_E/V
数 据			

操作题目 2：动态工作点的测试

操作方法：

（1）保持已调好的静态工作点，用示波器观察 u_i 和 u_o 的波形，进行对比，将结果记录在表 5-12 中。

（2）用万用表测出 u_i 和 u_o 的有效值，并计算出电压放大倍数 A_u，将结果记录在表 5-12 中。

表 5-12 射极跟随器的动态测试数据

测试项目	U_i/V	U_o/V	$A_u=U_o/U_i$
数 据			
波 形	u_i	u_o	
结 论			

任务考核与评价（表 5-13）

表 5-13 射极跟随器功能测试考核

任务内容	配分	评分标准		自 评	互 评	教师评
射极跟随器静态工作点的测试	40	①线路的连接	20 分			
		②静态工作点的调整	10 分			
		③V_B、V_C 和 V_E 的测量	10 分			
射极跟随器动态工作点的测试	60	①u_i 和 u_o 的测量	20 分			
		②A_u 的计算	10 分			
		③波形的绘制	20 分			
		④结论	10 分			
定额时间	90min	每超过 5min	扣 10 分			
开始时间		结束时间		总评分		

任务 5　比例运算放大电路功能测试

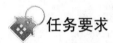任务要求

通过对反相比例运算放大电路的功能测试，使学生了解集成运算放大器的使用方法，掌握反相比例运算放大电路的测试方法。

1. 知识目标

（1）掌握集成运算放大器的外形特征和管脚排列情况。
（2）了解由集成运算放大器组成的反相比例和同相比例基本运算电路的功能。

2. 技能目标

（1）熟悉所用仪器设备的使用方法及电路的原理和连线。
（2）掌握反相比例运算放大电路的功能测量方法。
（3）掌握集成运算放大器的调零方法。

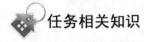任务相关知识

集成运算放大器是一种具有高电压放大倍数的直接耦合多级放大电路。当外部接入不同的线性或非线性元器件组成输入和负反馈电路时，可以灵活地实现各种特定的函数关系。在线性应用方面，可组成比例、加法、减法、积分、微分、对数等模拟运算电路。

1. 反相比例运算电路

电路如图 5-29 所示。对于理想运放，该电路的输出电压与输入电压之间的关系为：

$$U_o = -\frac{R_F}{R_1}U_i$$

为了减小输入级偏置电流引起的运算误差,在同相端应接入平衡电阻 $R_2=R_1 \parallel R_F$。

2. 反相加法电路

反相加法电路见图 5-30,输出电压与输入电压之间的关系为:

$$U_o = -\left(\frac{R_F}{R_1}U_{i1} + \frac{R_F}{R_2}U_{i2}\right)$$

$$R_3 = R_1 \parallel R_2 \parallel R_F$$

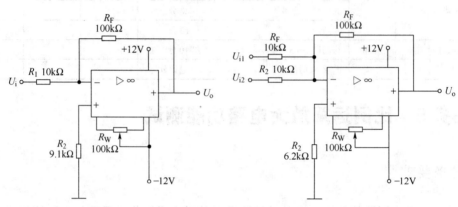

图 5-29 反相比例运算电路   图 5-30 反相加法运算电路

3. 同相比例运算电路

图 5-31(a)是同相比例运算电路,它的输出电压与输入电压之间的关系为:

$$U_o = \left(1 + \frac{R_F}{R_1}\right)U_i$$

$$R_2 = R_1 \parallel R_F$$

当 $R_1 \to \infty$,$U_o = U_i$,即得到如图 5-31(b)所示的电压跟随器,图中 $R_2 = R_F$,用以减小漂移和起保护作用。一般 R_F 取 10kΩ,R_F 太小起不到保护作用,太大则影响跟随性。

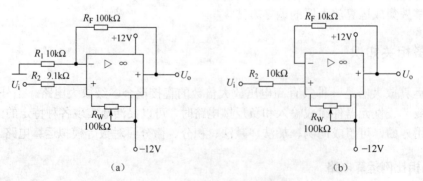

(a)   (b)

图 5-31 同相比例运算电路

4. 减法运算电路

图 5-32 是减法运算电路,当 $R_1=R_2$,$R_3=R_F$ 时,有如下关系式:

$$U_o = \left(1 + \frac{R_F}{R_1}\right)U_i$$

$$R_2 = R_1 \parallel R_F$$

5. 积分运算电路

反相积分电路如图 5-33 所示。在理想化条件下,输出电压 U_o:

$$U_o(t) = -\left(\frac{1}{RC}\int_0^t U_i \mathrm{d}t + U_c(0)\right) = -\frac{1}{RC}\int_0^t U_i \mathrm{d}t + U_c(0)$$

式中 $U_c(0)$ 是 $t=0$ 时刻电容两端的电压值,即初始值。

如果 $U_i(t)$ 是幅值为 E 的阶跃电压,并设 $U_c(0)=0$,则:

$$U_o(t) = -\frac{1}{RC}\int_0^t E \cdot \mathrm{d}t = -\frac{E}{RC} \cdot t$$

即输出电压 $U_o(t)$ 随时间增长而线性下降。显然 RC 的数值越大,达到给定的 U_o 值所需的时间就越长。积分输出电压所能达到的最大值,受集成运放最大输出范围的限制。

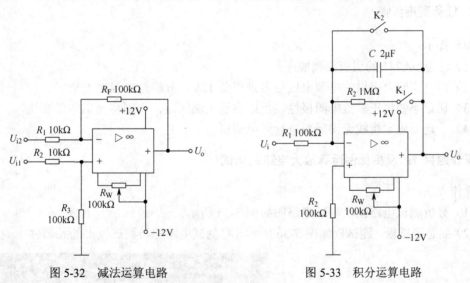

图 5-32　减法运算电路　　　　图 5-33　积分运算电路

在进行积分运算之前,首先应对运放调零。为了便于调节,将图中 K_1 闭合,即通过电阻 R_2 的负反馈作用帮助实现调零。但在完成调零后,仍将 K_1 打开,以免因 R_2 的接入造成积分误差。K_2 的设置一方面为积分电容放电提供通路,同时可实现积分电容初始电压 $u_c(0)=0$,另一方面,可控制积分起始点,即在加入信号 u_i 后,只要 K_2 一打开,电容就将被恒流充电,电路也就开始进行积分运算。

6. μA741 集成运算放大器

集成运算放大器 μA741 是 8 脚双列直插式组件,引脚排列如图 5-34 所示。图中,1 脚和 5 脚为调零端，2 脚为反相输入端，3 脚为同相输入端，6 脚为输出端，7 脚为正电源输入端，4 脚为负电源输入端，8 脚为空脚。

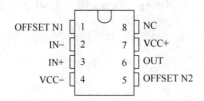

图 5-34　μA741 集成运算放大器引脚图

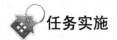 **任务实施**

1. 任务实施器材

（1）万用表一块/组。
（2）示波器一台/组。
（3）函数信号发生器一台/组。
（4）实验台一台/组。

2. 任务实施步骤

操作提示：
（1）注意 μA741 的引脚排列顺序。
（2）检查实验台提供的电源电压是否是正负 12V，分清楚电源的正负极。
（3）切记不要将正、负电源极性接反或将输出端短路，否则将会损坏集成块。
（4）一定要确定接线无误后再进行通电测试。

操作题目 1：反相比例运算放大电路的测试

操作方法：
（1）分析测试电路图，测试电路图如图 5-35 所示。
（2）熟悉测试板，测试板如图 5-36 所示，将测试电路图与测试板上的元器件一一对应。

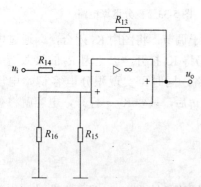

图 5-35　反相比例运算放大电路测试电路图

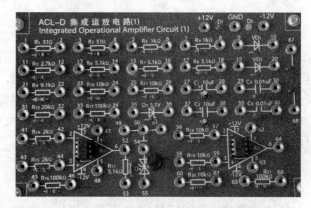

图 5-36　反相比例运算放大电路测试板

(3) 检查实验台提供的电源电压是否是正负 12V。
(4) 按照测试电路图连接线路。
(5) 输入 f=100Hz，U_i=0.5V 的正弦交流信号。
(6) 接通电源。
(7) 用示波器观察输入 U_i 和输出 U_o 的波形，将结果记录在表 5-14 中。
(8) 用万用表测出输入 U_i 和输出 U_o 的电压，将结果记录在表 5-14 中。
(9) 计算 A_u 的实测值和计算值，将结果记录在表 5-14 中。

表 5-14　反相比例运算放大电路的测试数据

u_i（V）	u_o（V）	u_i 波形	u_o 波形	A_u	
				实测值	计算值
		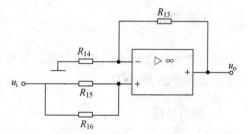			

操作题目 2：同相比例运算放大电路的测试

操作方法：

(1) 分析测试电路图，测试电路图如图 5-37 所示。

(2) 熟悉测试板，将测试电路图与测试板上的元器件一一对应。

(3) 按照测试电路图连接线路。

(4) 输入 f=100Hz，U_i=0.5V 的正弦交流信号。

(5) 接通电源。

(6) 用示波器观察输入 U_i 和输出 U_o 的波形，将结果记录在表 5-15 中。

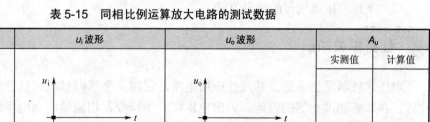

图 5-37　同相比例运算放大电路测试电路图

(7) 用万用表测出输入 U_i 和输出 U_o 的电压，将结果记录在表 5-15 中。

(8) 计算 A_u 的实测值和计算值，将结果记录在表 5-15 中。

表 5-15　同相比例运算放大电路的测试数据

u_i（V）	u_o（V）	u_i 波形	u_o 波形	A_u	
				实测值	计算值

任务考核与评价（表 5-16）

表 5-16 比例运算放大电路功能测试的考核

任 务 内 容	配 分	评 分 标 准		自 评	互 评	教 师 评
反相比例运算放大电路	50	①线路的连接	20 分			
		②波形的绘制	10 分			
		③u_i 和 u_o 的测量	10 分			
		④A_u 的计算	10 分			
同相比例运算放大电路	50	①线路的连接	20 分			
		②波形的绘制	10 分			
		③u_i 和 u_o 的测量	10 分			
		④A_u 的计算	10 分			
定额时间	90min	每超过 5min	扣 10 分			
开始时间		结束时间		总评分		

任务 6 电压比较器功能测试

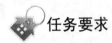 **任务要求**

通过对电压比较器的功能测试，使学生了解电压比较器的电路组成以及作用，并且掌握电压比较器的测试方法。

1. 知识目标

（1）掌握集成运算放大器（简称集成运放或运放）的外形特征和管脚排列情况。
（2）掌握电压比较器的电路构成及特点。

2. 技能目标

（1）熟悉所用仪器设备的使用方法及电路的原理和连线。
（2）掌握电压比较器的测量方法。

 任务相关知识

电压比较器是集成运放非线性应用电路，它将一个模拟量电压信号和一个参考电压相比较，在二者幅度相等的附近，输出电压将产生跃变，相应输出高电平或低电平。电压比较器可以组成非正弦波形变换电路及应用于模拟与数字信号转换等领域。

图 5-38 所示为一最简单的电压比较器，U_R 为参考电压，加在运放的同相输入端，输入电压 U_i 加在反相输入端。

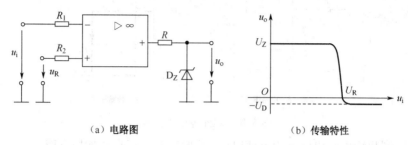

(a) 电路图　　　　　　　　　(b) 传输特性

图 5-38　电压比较器

当 $U_i<U_R$ 时，运放输出高电平，稳压管 D_Z 反向稳压工作。输出端电位被其钳位在稳压管的稳定电压 U_x，即 $U_o=U_Z$。当 $U_i>U_R$ 时，运放输出低电平，D_Z 正向导通，输出电压等于稳压管的正向压降 U_D，即 $U_o=-U_D$。因此，以 U_R 为界，当输入电压 U_i 变化时，输出端反映出两种状态：高电位和低电位。

表示输出电压与输入电压之间关系的特性曲线，称为传输特性。图 5-38（b）为（a）图比较器的传输特性。

常用的电压比较器有过零电压比较器和迟滞电压比较器。

1. 过零电压比较器

如图 5-39 所示电路为加限幅电路的过零电压比较器，D_Z 为限幅稳压管。信号从运放的反相输入端输入，参考电压为零，从同相端输入。当 $U_i>0$ 时，输出 $U_o=-(U_Z+U_D)$，当 $U_i<0$ 时，$U_o=+(U_Z+U_D)$。其电压传输特性如图 5-39（b）所示。

过零电压比较器结构简单，灵敏度高，但抗干扰能力差。

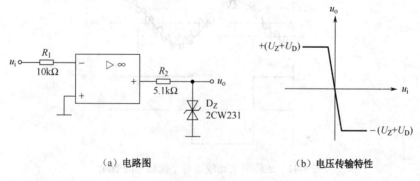

(a) 电路图　　　　　　　　　(b) 电压传输特性

图 5-39　过零比较器

2. 迟滞电压比较器

过零比较器在实际工作时，如果 U_i 恰好在过零值附近，则由于零点漂移的存在，U_o 将不断由一个极限值转换到另一个极限值。这在控制系统中，对执行机构将是很不利的。为此，就需要输出特性具有滞回现象的电压比较器，即迟滞电压比较器。

迟滞电压比较器的组成如图 5-40（a）所示。

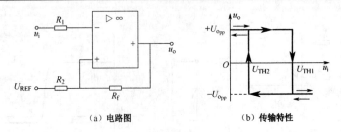

(a) 电路图　　　　　　　　　(b) 传输特性

图 5-40　迟滞电压比较器

该电路的同相输入端电压 u_+ 由 u_o 和 U_{REF} 共同决定，根据叠加原理有：

$$u_+ = \frac{R_2}{R_1+R_f}u_o + \frac{R_f}{R_1+R_f}U_{REF}$$

由于运放工作在非线性区，输出只有高低电平两个电压 $+U_{o_{pp}}$ 和 $-U_{o_{pp}}$，因此当输出电压为 $+U_{o_{pp}}$ 时，u_+ 的上门限电压为：

$$U_{TH+} = \frac{R_2}{R_1+R_f}U_{o_{pp}} + \frac{R_f}{R_1+R_f}U_{REF}$$

输出电压为 $-U_{o_{pp}}$ 时，u_+ 的下门限电压为：

$$U_{TH+} = \frac{R_2}{R_1+R_f}(-U_{o_{pp}}) + \frac{R_f}{R_1+R_f}U_{REF}$$

这种比较器在两种状态下，有各自的门限电平。对应于 $+U_{o_{pp}}$ 有上门限电压 U_{TH+}，对应于 $-U_{o_{pp}}$ 有下门限电压 U_{TH-}。图 5-40（b）为迟滞电压比较器的电压传输特性。迟滞电压比较器输入输出波形可以实现波形的变化。从图 5-41 可以看出迟滞电压比较器具有抗干扰的能力。

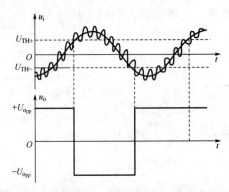

图 5-41　迟滞电压比较器对干扰信号的滤除

在生产实践中，经常需要对温度、水位进行控制，这些都可以用迟滞电压比较器来实现。如东芝 GR 系列电冰箱的温控就采取了电子温控电路，在这个电路中，迟滞电压比较器是必不可少的，只要改变门限电压的值，就改变了电冰箱的温控值。

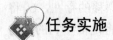 **任务实施**

1. 任务实施器材

（1）万用表一块/组。

（2）示波器一台/组。
（3）函数信号发生器一台/组。
（4）实验台一台/组。

2. 任务实施步骤

操作提示：
（1）注意 μA741 的引脚排列顺序。
（2）检查实验台提供的电源电压是否是正负 12V，分清楚电源的正负极。
（3）切记不要将正、负电源极性接反或将输出端短路，否则将会损坏集成块。
（4）一定要确定接线无误后再进行通电测试。

操作题目 1：过零电压比较器的测试

操作方法：
（1）分析测试电路图，测试电路图如图 5-42 所示。
（2）熟悉测试板，测试板如图 5-43 所示，将测试电路图与测试板上的元器件一一对应。

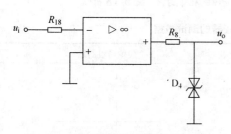

图 5-42　过零电压比较器测试电路图　　图 5-43　电压比较器测试板

（3）检查实验台提供的电源电压是否是正负 12V。
（4）按照测试电路图连接线路。
（5）u_i 输入 500Hz、幅值为 2V 的正弦信号。
（6）接通电源。
（7）用示波器观察输入 u_i 和输出 u_o 的波形，将结果记录在表 5-17 中。
（8）画出过零电压比较器的传输特性曲线，将结果记录在表 5-17 中。

表 5-17　过零电压比较器的测试数据

u_i 和 u_o 的波形	传输特性曲线
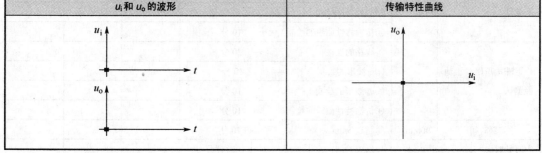	

操作题目 2：迟滞电压比较器的测试

操作方法：

（1）分析测试电路图，测试电路图如图 5-44 所示。

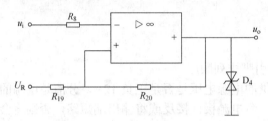

图 5-44 迟滞电压比较器测试电路图

（2）熟悉测试板，将测试电路图与测试板上的元器件一一对应。
（3）检查实验台提供的电源电压是否是正负 12V。
（4）按照测试电路图连接线路。
（5）u_i 输入 500Hz、幅值为 10V 的正弦信号，U_R 输入 1V 直流电压。
（6）接通电源。
（7）用示波器观察输入 u_i 和输出 u_o 的波形，将结果记录在表 5-18 中。
（8）画出迟滞电压比较器的传输特性曲线，将结果记录在表 5-18 中。

表 5-18 迟滞电压比较器的测试数据

u_i 和 u_o 的波形	传输特性曲线
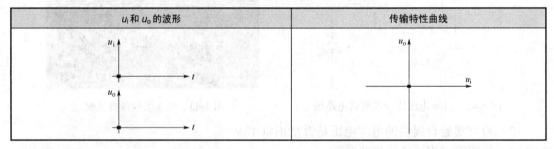	

 任务考核与评价（表 5-19）

表 5-19 电压比较器功能测试的考核

任务内容	配分	评分标准		自评	互评	教师评
过零电压比较器功能测试	50	①线路的连接	20 分			
		②u_i 波形的绘制	10 分			
		③u_o 波形的绘制	10 分			
		④传输特性曲线的绘制	10 分			
迟滞电压比较器功能测试	50	①线路的连接	20 分			
		②u_i 波形的绘制	10 分			
		③u_o 波形的绘制	10 分			
		④传输特性曲线的绘制	10 分			
定额时间	90min	每超过 5min	扣 10 分			
开始时间		结束时间		总评分		

任务 7　功率放大电路功能测试

任务要求

通过对功率放大电路的功能测试，使学生了解功率放大电路的实质，掌握功放在放大电路中的作用及测试方法。

1. 知识目标

（1）掌握功率放大器的定义和分类。
（2）了解 OTL 功率放大器的工作原理。

2. 技能目标

（1）熟悉所用仪器设备的使用方法及电路的原理和连线。
（2）掌握 OTL 电路的调试及主要性能指标的测试方法。

任务相关知识

电压放大电路均属小信号放大电路，它们主要用于增强信号的电压或电流的幅度。实际上，很多电子设备的输出要带动一定的负载，如：驱动扬声器，使之发出声音；驱动电表，使其指针偏转；控制电动机工作等，这就要求放大电路要向负载提供足够大的信号功率。能输出信号功率足够大的电路就是功率放大电路，简称功放。

1. 功率放大电路的任务和要求

电子设备中的放大器一般由前置放大器和功率放大器组成，如图 5-45 所示。前置放大器的主要任务是不失真地提高输入信号的电压或电流的幅度，而功率放大器的任务是在信号失真允许的范围内，尽可能输出足够大的信号功率，即不但要输出大的信号电压，还要输出大的信号电流，以满足负载正常工作的要求。

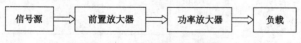

图 5-45　放大器组成框图

功率放大电路要求满足输出功率要大、效率要高、非线性失真要小等特点，电路中担任功率放大任务的三极管（也称功放管）一般都工作在大信号状态，基本上接近于管子参数的极限状态，所以选择功放管时要注意不要超过管子的极限参数，并留有一定的余量，同时要考虑在电路中采取必要的过压、过流保护措施并注意管子的散热问题，以确保管子的安全工作。

2. 功率放大电路的分类

功率放大电路按照功放管静态工作点的不同，可分为甲类、乙类和甲乙类，在高频功放中还有丙类和丁类之分。

甲类功放的三极管其静态工作点在放大区的中间，所以在输入信号的整个周期内，管子中都有电流流过。甲类放大电路的优点是失真小，缺点是管耗大，效率低，它主要用于小功率放大电路中。电压放大电路由于信号比较小，实际上都工作在甲类放大状态。

乙类功放的三极管其静态工作点在放大区与截止区的交线上，在输入信号的一个周期内，管子只在半个周期内有电流流过，显然，乙类放大电路需要两个管子分别对信号的正负半周进行放大，才能完成对信号的放大。

甲乙类功放的三极管其静态工作点在靠近截止线的放大区内，在信号的一个周期内，管子有半个多周期内有电流流过，显然，甲乙类放大电路也需要两个管子才能完成对信号的放大。这三种类型的功放其三极管的集电极电流波形如图 5-46 所示。

甲类功放电路的优点是失真波形小，缺点是静态工作点电流大，管耗大，放大电路效率低，它主要用于小功率放大电路中。乙类和甲乙类放大电路的优点是管耗小，放大电路效率高，故在功率放大电路中得到广泛应用。在实际电路中，均采用两管轮流导通的推挽电路来减小失真和增大输出功率。

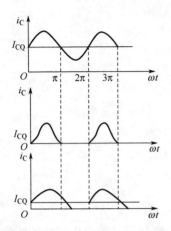

图 5-46　三种类型功放中三极管的集电极电流波形

3. OTL 功率放大电路

图 5-47 为 OTL 低频功率放大电路，其中 V_1 为推动级（也称前置放大级），V_2、V_3 是一对参数对称的 NPN 和 PNP 型晶体三极管，它们组成互补推挽 OTL 功放电路。由于每一个管子都接成射极输出器形式，因此具有输出电阻低，负载能力强等优点，适合于作为功率输出级。V_1 工作于甲状态，它的集电极电流 I_{C1} 由电位器 R_{P1} 进行调节。I_{C1} 的一部分流经电位器 R_{P2} 和 D，给 V_2、V_3 提供偏压。静态时要求输出端中点 A 的电位 $V_A=U_{CC}/2$，可以通过调节 R_{P1} 来实现，由于 R_{P1} 的一端接在 A 点，因此在电路中引入交、直流电压并联负反馈，一方面能够稳定放大器的静态工作点，同时也改善了非线性失真。

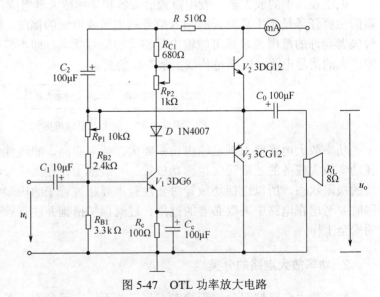

图 5-47　OTL 功率放大电路

当输入正弦交流信号 u_i 时，经 V_1 放大、倒相后同时作用于 V_2、V_3 的基极，u_i 的负半周使 V_2 管导通（V_3 管截止），有电流通过负载 R_L，同时向电容 C_0 充电，在 u_i 的正半周，V_3 导通（V_2 管截止），则已充好电的电容器 C_0 起着电源的作用，通过负载 R_L 放电，这样在 R_L 上就得到完整的正弦波。

C_2 和 R 构成自举电路，用于提高输出电压正半周的幅度，以得到大的动态范围。

OTL 电路的主要性能指标：

（1）最大不失真输出功率 P_{om}

理想情况下，$P_{om} = \dfrac{1}{8}\dfrac{U_{OC}^2}{R_L}$，在实验中可通过测量 R_L 两端的电压有效值，来求得实际的 P_{om}。

$$P_{om} = \dfrac{U_{om}^2}{R_L}$$

（2）效率

$$\eta = \dfrac{P_{om}}{P_E} \times 100\%$$

P_E——直流电源供给的平均功率。

理想情况下，$\eta_{max}=78.5\%$。在实验中，可测量电源供给的平均电流 I_{dc}，从而求得 $P_E = U_{CC} \cdot I_{dc}$，负载上的交流功率已用上述方法求出，因而也就可以计算实际效率了。

（3）输入灵敏度

输入灵敏度是指输出最大不失真功率时，输入信号 U_i 之值。

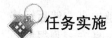

任务实施

1. 任务实施器材

（1）万用表一块/组。

（2）示波器一台/组。

（3）函数信号发生器一台/组。

（4）毫安表一台/组。

（5）实验台一台/组。

2. 任务实施步骤

操作提示：

（1）检查实验台提供的电源电压是否是 5V，分清楚电源的正负极。

（2）一定要确定接线无误后再进行通电测试。

操作题目 1：静态工作点的测试

操作方法：

（1）分析测试电路图，测试电路图如图 5-48 所示。

(2) 熟悉测试板,测试板如图 5-49 所示,将测试电路图与测试板上的元器件一一对应。

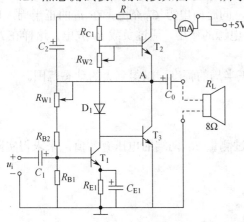
图 5-48 功率放大电路测试电路图

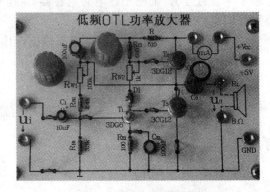
图 5-49 功率放大电路测试板

(3) 检查实验台提供的电源电压是否是 5V。
(4) 按照测试电路图连接线路。
(5) R_{W1} 和 R_{W2} 置中间位置。
(6) 接通电源。
(7) 观察毫安表示数,同时用手触摸输出级管子,若电流过大,或管子温升显著,应立即断开电源检查原因(电路自激,或输出管性能不好等)。如无异常现象,可开始调试。
(8) 调节输出端中点电位 U_A。调节电位器 R_{W1},用万用表测量 A 点电位,使 U_A=2.5V。
(9) 调节电位器 R_{W2} 为 0,在输入端接入 1kHz 的正弦波信号。
(10) 逐渐加大输入信号的幅值,此时,输出波形应出现较严重的交越失真。然后缓慢增大 R_{W2},当交越失真刚好消失时,停止调节 R_{W2},使输入信号为 0。此时毫安表测得的数值应为 5~10mA 左右,如过大,则要检查电路。
(11) 测量各级静态工作点,将结果记录在表 5-20 中。

表 5-20 功率放大电路静态工作点的测试数据

	T_1	T_2	T_3
U_B(V)			
U_C(V)			
U_E(V)			

操作题目 2:功率放大电路主要性能指标的测试

操作方法:
(1) 输入端接 f=1kHz 的正弦信号 u_i,输出端用示波器观察输出电压 u_o 波形。
(2) 逐渐增大 u_i,使输出电压达到最大不失真输出,用万用表测出负载 R_L 上的电压 U_{om}。计算 P_{om} 值,$P_{om} = \dfrac{U_{om}^2}{R_L}$,将结果记录在表 5-21 中。
(3) 读出毫安表中的电流值 I_{dc},求得 $P_E = U_{CC} \cdot I_{dc}$,将结果记录在表 5-21 中。
(4) 最后求出 $\eta = \dfrac{P_{om}}{P_E} \times 100\%$,将结果记录在表 5-21 中。

表 5-21 功率放大电路主要性能指标的测试数据

P_{om}	P_E	η

任务考核与评价（表 5-22）

表 5-22 功率放大电路功能测试的考核

任务内容	配分	评分标准		自评	互评	教师评
静态工作点的测试	70	①线路的连接	20 分			
		②U_A 的调节	20 分			
		③各级静态工作点的测试	30 分			
主要性能指标的测试	30	①P_{om} 的测试	10 分			
		②P_E 的测试	10 分			
		③η 的测试	10 分			
定额时间	90min	每超过 5min	扣 10 分			
开始时间		结束时间		总评分		

任务 8　RC 振荡电路功能测试

任务要求

振荡电路是模拟电路的一个最基本的功能电路，振荡电路有正弦波和非正弦波这两种，其中正弦波振荡电路应用最为广泛，对它的分析与应用也是整个模拟电路学习的基础和重点。本项目通过对 RC 振荡电路的功能测试，使学生了解正弦波的产生过程，掌握 RC 振荡电路的作用及测试方法。

1. 知识目标

（1）掌握 RC 正弦波振荡器的组成及特点。
（2）了解振荡产生的条件。

2. 技能目标

（1）熟悉所用仪器设备的使用方法及电路的原理和连线。
（2）掌握 RC 正弦波振荡器的测量和调试方法。

任务相关知识

振荡电路是一种不需要外接输入信号就能将直流电源转换成具有一定频率、一定幅度和一定波形的交流能量输出的电路。按振荡波形可分为正弦波振荡电路和非正弦波振荡电路。

根据选频网络所采用的元件不同，正弦波振荡电路又可分为 RC 正弦波振荡电路、LC 正弦波振荡电路和石英晶体正弦波振荡电路。RC 振荡电路一般用来产生数赫兹到数十万赫兹的低频信号，LC 振荡电路主要用来产生数十万赫兹以上的高频信号。

正弦波振荡电路在测量、通信、无线电技术、自动控制和热加工等多领域中有着广泛的应用。

1. 电路振荡的条件

在图 5-50 所示方框图中，由于振荡电路不需要外接输入信号，因此，通过反馈网络输出的反馈信号就是基本放大电路的输入信号 $\dot{X}_{id}$。该信号经基本放大电路放大后，输出为 $\dot{X}_o$。如果能使 $\dot{X}_f$ 与 $\dot{X}_{id}$ 的两个信号大小相等，极性相同，构成正反馈电路，那么，这个电路就能维持稳定输出。因而，从 $\dot{X}_f = \dot{X}_{id}$ 可引出自激振荡条件。

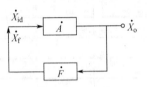

图 5-50　正弦波振荡电路的方框图

由方框图可知，基本放大电路的输出为：

$$\dot{X}_o = \dot{A} \cdot \dot{X}_{id}$$

反馈网络的输出为：

$$\dot{X}_f = \dot{F} \cdot \dot{X}_o$$

当 $\dot{X}_f = \dot{X}_{id}$ 时，则有：

$$\dot{A}\dot{F} = 1$$

这就是振荡电路的自激振荡条件。

2. 电路的起振条件

当振荡电路接通电源时，输出端会产生微小的不规则的噪声或扰动信号，它包含了各种频率的谐波分量，此时电路中的选频网络将选出一种能满足相位平衡条件的频率，经正反馈返送到输入端不断放大，由于放大开始时满足 $|\dot{A}\dot{F}|>1$ 条件能使输出信号由小迅速变大，使电路起振，最后进入到放大器件的非线性区或电路的稳幅环节，从而达到 $|\dot{A}\dot{F}|=1$，使输出幅度稳定进入正常振荡工作状态。

3. RC 振荡电路

若用 RC 元件组成选频网络，就称为 RC 振荡器，一般用来产生 1Hz～1MHz 的低频信号。一般常用的 RC 振荡器有三种，即 RC 移相振荡器、RC 串并联网络（文氏桥）振荡器、双 T 选频网络振荡器。图 5-51 为两级共射极分立元器件组成的 RC 串并联网络（文氏桥）正弦波振荡器。

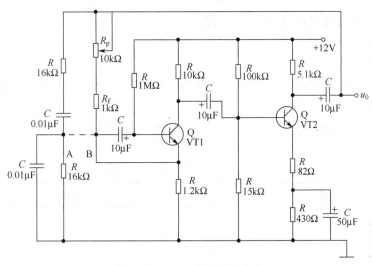

图 5-51　RC 正弦波振荡电路

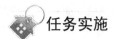任务实施

1. 任务实施器材

（1）万用表一块/组。
（2）示波器一台/组。
（3）实验台一台/组。

2. 任务实施步骤

操作提示：
（1）检查实验台提供的电源电压是否是 12V，分清楚电源的正负极。
（2）一定要确定接线无误后再进行通电测试。

操作题目：RC 振荡电路的测试

操作方法：
（1）分析测试电路图，测试电路图如图 5-52 所示。
（2）熟悉测试板，测试板如图 5-53 所示，将测试电路图与测试板上的元器件一一对应。

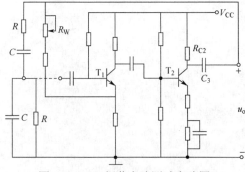
图 5-52　RC 振荡电路测试电路图

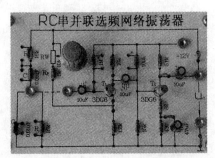
图 5-53　RC 振荡电路测试板

(3) 检查实验台提供的电源电压是否是 12V。
(4) 按照测试电路图连接线路。
(5) 接通电源。
(6) 用示波器观察输出波形,调整电位器 R_W,使输出为正弦波,将结果记录在表 5-23 中。
(7) 测出正弦波的振荡频率 $f_{测}$,将结果记录在表 5-23 中。
(8) 计算出正弦波的振荡频率 $f_{算}=\dfrac{1}{2\pi RC}$,将结果记录在表 5-23 中。

表 5-23　RC 振荡电路的测试数据

u_O 波形	$f_{测}$	$f_{算}$

任务考核与评价（表 5-24）

表 5-24　RC 振荡电路功能测试的考核

任 务 内 容	配　分	评 分 标 准		自　评	互　评	教 师 评
RC 振荡电路的测试	40	①线路的连接	20 分			
		②波形的调试	20 分			
	60	①$f_{测}$的测试	30 分			
		②$f_{算}$的计算	30 分			
定额时间	90min	每超过 5min	扣 10 分			
开始时间		结束时间		总评分		

项目六　数字电子技术基本技能训练

教学导航

教	知识重点	①各个电路的测试方法； ②电路图的设计； ③线路的连接； ④整理数据，得出结论。
	知识难点	①参照图纸和外引脚排列图搭建实际电路； ②数据的整理分析； ③结果和预想的不一样时，分析问题，查找原因。
	推荐教学方式	①项目教学； ②演示教学； ③边讲解边指导学生动手练习； ④出现问题集中讲解； ⑤多给学生以鼓励； ⑥多给学生自由发挥的空间。
	建议学时	14 学时
学	推荐学习方法	①理论和实践相结合，注重实践； ②课前一定要预习相关知识； ③课上认真听老师讲解，记住操作过程； ④出现问题，查看相关知识，争取自己解决，自己解决不了再向同学或老师寻求帮助； ⑤课后及时完成报告。
	必须掌握的理论知识	①各个集成芯片的符号、外引脚排列图、功能表； ②各个集成芯片的典型应用电路。
	必须掌握的技能	①查阅资料，绘制外引脚排列图，设计电路图； ②按照电路图搭建实际电路； ③分析测试结果，得出结论； ④与预想的结论不同时，查找问题，找出解决方案。

任务 1　门电路功能测试及转换

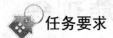任务要求

通过对芯片 74LS00 的实际使用，要求学生掌握门电路的测试以及转换方法。

1. 知识目标

（1）掌握与非门的逻辑功能。
（2）了解 74LS00 的引脚排列情况。
（3）掌握 TTL 集成电路使用注意事项。

2. 技能目标

（1）掌握门电路的测试方法。
（2）掌握门电路的转换方法。

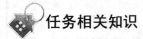任务相关知识

1. 与非门的逻辑功能

在数字电路中，所谓"门"就是实现一些基本逻辑关系的电路。最基本的逻辑关系有与、或、非三种，所以最基本的门为与门、或门和非门。

在实际工程中，应用最广泛的是与非门，其逻辑功能可以概括为：当输入端有一个或一个以上的低电平时，输出端为高电平；只有输入端全部为高电平时，输出端才是低电平（即"有 0 得 1，全 1 得 0"）。2 输入与非门的逻辑运算表达式为：$Y = \overline{A \cdot B} = \overline{AB}$，真值表如表 6-1 所示，逻辑符号如图 6-1 所示。

表 6-1　与非门逻辑真值表

A	B	Y
0	0	1
0	1	1
1	0	1
1	1	0

图 6-1　与非门逻辑符号

2. 74LS00 芯片

74LS00 芯片内含有四个独立的与非门，每个与非门有两个输入端。74LS00 的实物图和外引脚排列图如图 6-2 所示。

 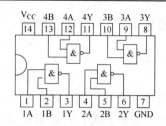

(a) 器件实物　　　　　　　　　　　(b) 外引脚排列图

图 6-2　74LS00 芯片

3. TTL 集成电路使用注意事项

74LS00 属于 TTL 与非门，在使用的时候有以下注意事项：

（1）接插集成块时，要认清定位标记，不得插反。

（2）电源电压使用范围+4.5V～+5.5V 之间，实验中要求使用+5V 的 UCD。超过 5.5V 将损坏器件，低于 4.5V 器件的逻辑功能将不能正常使用。电源绝对不允许接错。

（3）闲置输入端处理方法：

① 悬空，相当于正逻辑"1"，对一般小规模电路的输入端，实验时允许悬空处理，但是输入端悬空，易受外界干扰，破坏电路逻辑功能，对于中规模以上电路或较复杂的电路，不允许悬空。

② 直接接入 UCD，或串入一适当阻值电阻（1～10kΩ）接入 UCD。

③ 若前级驱动能力允许，可以与有用的输入端并联使用。

（4）输出端不允许直接接+5V 电源或直接接地，否则将导致器件损坏。

（5）除集电极开路输出器件和三态输出器件外，不允许几个 TTL 器件输出端并联使用，否则，不仅会使电路逻辑功能混乱，也会导致器件损坏。

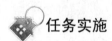任务实施

1. 任务实施器材

（1）数字实验台一台/组。

（2）万用表一块/组。

（3）74LS00 两块/组。

2. 任务实施步骤

操作提示：

（1）注意 74LS00 的引脚排列顺序。

（2）检查数字实验台提供的电源电压是否是 5V，分清楚电源的正负极。

（3）芯片在使用的时候必须接电源。

（4）门的输入端接逻辑开关，开关向上为逻辑"1"，向下为逻辑"0"。

（5）门的输出端接电平指示器，发光管亮为逻辑"1"，不亮为逻辑"0"。

操作题目 1：与非门功能测试

操作方法：

（1）将 74LS00 的 V_{CC}（14 脚）和 GND（7 脚）分别连接 5V 电源的正极和负极。

（2）选择任意与非门，将输入端接到逻辑开关，输出端接到电平指示器。

（3）拨动逻辑开关，将结果记录到表 6-2 中。

（4）换一个与非门，继续重复（1）和（2），直到将四个与非门全部测试完毕。

（5）将是否具有与非功能结论填到表 6-2 中。

表 6-2　与非门功能测试表

A_1	B_1	Y_1	A_2	B_2	Y_2	A_3	B_3	Y_3	A_4	B_4	Y_4
0	0		0	0		0	0		0	0	
0	1		0	1		0	1		0	1	
1	0		1	0		1	0		1	0	
1	1		1	1		1	1		1	1	
结论：											

操作题目 2：用与非门实现非的功能

操作方法：

（1）推导转换式：$Y = \overline{A} = \overline{A \cdot 1}$。

（2）画出转换图，如图 6-3 所示。

（3）选择任意与非门，按照转换图连接电路。

（4）拨动逻辑开关，将结果记录到表 6-3 中。

（5）将是否具有非功能结论填到表 6-3 中。

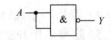

图 6-3　与非门实现非转换图

表 6-3　与非门实现非功能测试表

A	Y
0	
1	
结论：	

操作题目 3：用与非门实现与的功能

操作方法：

（1）推导转换式：$Y = AB = \overline{\overline{AB}}$。

（2）在表 6-4 中画出转换图。

（3）选择任意与非门，按照转换图连接电路。

（4）拨动逻辑开关，将结果记录到表 6-4 中。

（5）将是否具有与功能结论填到表 6-4 中。

表 6-4　与非门实现与功能测试表

转换图	测试结果		
	A	B	Y
	0	0	
	0	1	
	1	0	
	1	1	
结论：			

操作题目 4：用与非门实现或的功能

操作方法：

（1）在表 6-5 中推导转换式。
（2）在表 6-5 中画出转换图。
（3）选择任意与非门，按照转换图连接电路。
（4）拨动逻辑开关，将结果记录到表 6-5 中。
（5）将是否具有或功能结论填到表 6-5 中。

表 6-5　与非门实现或功能测试表

转 换 式	转 换 图	测 试 结 果		
		A	B	Y
		0	0	
		0	1	
		1	0	
		1	1	
结论：				

操作题目 5：用与非门实现异或的功能

操作方法：

（1）在表 6-6 中推导转换式。
（2）在表 6-6 中画出转换图。
（3）选择任意与非门，按照转换图连接电路。
（4）拨动逻辑开关，将结果记录到表 6-6 中。
（5）将是否具有或功能结论填到表 6-6 中。

表 6-6　与非门实现异或功能测试表

转 换 式	转 换 图	测 试 结 果		
		A	B	Y
		0	0	
		0	1	
		1	0	
		1	1	
结论：				

任务考核与评价（表 6-7）

表 6-7 门电路功能测试及转换考核

任务内容	配 分	评 分 标 准		自 评	互 评	教 师 评
与非门功能测试	11	①测试结果	8分			
		②结论	3分			
与非门实现非功能	17	①转换图	7分			
		②测试结果	7分			
		③结论	3分			
与非门实现与功能	24	①转换式	7分			
		②转换图	7分			
		③测试结果	7分			
		④结论	3分			
与非门实现或功能	24	①转换式	7分			
		②转换图	7分			
		③测试结果	7分			
		④结论	3分			
与非门实现异或功能	24	①转换式	7分			
		②转换图	7分			
		③测试结果	7分			
		④结论	3分			
定额时间	90min	每超过 5min	扣 10 分			
开始时间		结束时间		总评分		

任务 2　译码显示电路功能测试

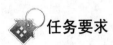
任务要求

通过对 74LS48 和 LED 数码管的实际使用，要求学生掌握译码显示电路的功能及工作过程。

1. 知识目标

（1）掌握 74LS48 的逻辑功能。
（2）掌握 LED 数码管的逻辑功能。
（3）了解集成块引脚排列情况。

2. 技能目标

（1）掌握 74LS48 的测试方法。
（2）掌握 LED 数码管的测试方法。
（3）掌握译码显示电路连接和测试方法。

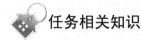 **任务相关知识**

1. LED 数码管（七段发光二极管）

LED 数码管是目前最常用的数字显示器，它是由七段发光二极管组成的，如图 6-4（a）所示。一个 LED 数码管可用来显示一位 0～9 十进制数或一个小数点，如图 6-4（b）所示。小型数码管（0.5 寸和 0.36 寸）每段发光二极管的正向压降，随显示光（通常为红、绿、黄、橙色）的颜色不同略有差别，通常约为 2～2.5V，每个发光二极管的点亮电流在 5～10mA。LED 数码管要显示 BCD 码所表示的十进制数字就需要有一个专门的译码器，该译码器不但要完成译码功能，还要有相当的驱动能力。

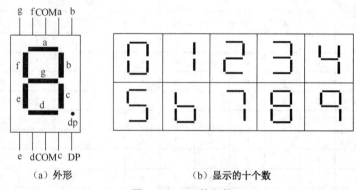

（a）外形　　　　　　　　（b）显示的十个数

图 6-4　LED 数码管

LED 数码管的内部接法有两种，分别为共阳极接法和共阴极接法，如图 6-5 所示。

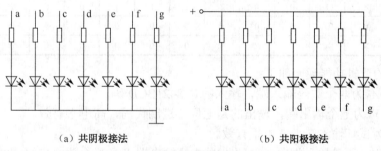

（a）共阴极接法　　　　　　　　（b）共阳极接法

图 6-5　LED 数码管的内部接法

2. 译码器

译码器是一个多输入、多输出的组合逻辑电路。它的作用是把给定的代码进行"翻译"，变成相应的状态，使输出通道中相应的一路有信号输出。译码器在数字系统中有广泛的用途，不仅用于代码的转换、终端的数字显示，还用于数据分配，存储器寻址和组合控制信号等。不同的功能可选用不同种类的译码器。

译码器可分为通用译码器和显示译码器两大类。74LS48 是输出高电平有效的显示译码器，可与共阴极 LED 显示器配合使用。74LS48 的符号图和外引脚排列图如图 6-6 所示。表 6-8 为 74LS48 的真值表。

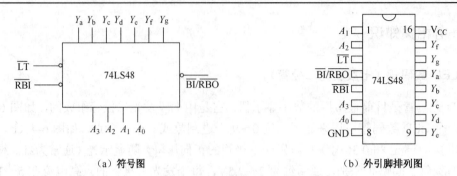

(a) 符号图　　　　　　　　　　　　(b) 外引脚排列图

图 6-6　显示译码器 74LS48

表 6-8　显示译码器 74LS48 真值表

输入							输出							显示字形
$\overline{BI}$	$\overline{LT}$	$\overline{RBI}$	A_3	A_2	A_1	A_0	Y_a	Y_b	Y_c	Y_d	Y_e	Y_f	Y_g	
1	0	×	×	×	×	×	1	1	1	1	1	1	1	8
1	1	1	0	0	0	0	1	1	1	1	1	1	0	0
1	1	×	0	0	0	1	0	1	1	0	0	0	0	1
1	1	×	0	0	1	0	1	1	0	1	1	0	1	2
1	1	×	0	0	1	1	1	1	1	1	0	0	1	3
1	1	×	0	1	0	0	0	1	1	0	0	1	1	4
1	1	×	0	1	0	1	1	0	1	1	0	1	1	5
1	1	×	0	1	1	0	0	0	1	1	1	1	1	6
1	1	×	0	1	1	1	1	1	1	0	0	0	0	7
1	1	×	1	0	0	0	1	1	1	1	1	1	1	8
1	1	×	1	0	0	1	1	1	1	0	0	1	1	9
1	1	0	0	0	0	0	0	0	0	0	0	0	0	无
0	×	×	×	×	×	×	0	0	0	0	0	0	0	无

74LS48 的逻辑功能说明如下：

（1）$A_3 \sim A_0$ 为四个数码输入端，输入的是 8421BCD 码。

（2）$Y_a \sim Y_g$ 为七个输出端，输出的是七位二进制代码，高电平有效。

（3）$\overline{LT}$ 为试灯输入端，低电平有效。

当 $\overline{LT}$=0 时，无论输入端 $A_3 \sim A_0$ 为何状态，输出端 $Y_a \sim Y_g$ 全为高电平，可使 LED 数码管的七段同时点亮，由此可判断 LED 数码管的各段能否正常发光。七段显示译码器工作时，须置 $\overline{LT}$=1。

（4）$\overline{RBI}$ 为灭零输入端，低电平有效。

当 $\overline{LT}$=1、$A_3A_2A_1A_0$=0000 时，LED 数码管应显示数字 0。此时，若使 $\overline{RBI}$=0 便可使多余的 0 熄灭。

（5）$\overline{BI}/\overline{RBO}$ 为灭灯输入/灭零输出端。

$\overline{BI}$ 作为输入端使用时，输入低电平，无论 $\overline{LT}$、$\overline{RBI}$、$A_3 \sim A_0$ 为何状态，输出端 $Y_a \sim Y_g$ 均为低电平，LED 数码管各段同时被熄灭。当译码器工作时，$\overline{BI}$ 应置高电平。

$\overline{BI}/\overline{RBO}$ 作为输出端使用时，只有当 $\overline{LT}$=1、$A_3A_2A_1A_0$=0000、$\overline{RBI}$=0 时，$\overline{RBO}$ 才会输出低电平。

3. 译码显示电路

译码显示电路如图 6-7 所示，外输入信号 A_3、A_2、A_1、A_0 组成 8421BCD 码，分别送给 74LS48 的数码输入端 A_3、A_2、A_1、A_0，经过译码器译码输出，驱动 LED 数码管发光，显示对应的信息。

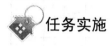

任务实施

1. 任务实施器材

（1）数字实验台一台/组。
（2）万用表一块/组。
（3）74LS48 一块/组。
（4）LED 数码管一块/组。

2. 任务实施步骤

操作提示：
（1）注意 74LS48 和 LED 数码管的引脚排列顺序。
（2）检查数字实验台提供的电源电压是否是 5V。

操作题目 1：74LS48 功能测试

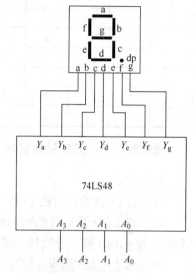

图 6-7 译码显示电路

操作方法：
（1）将 74LS48 的 GND（8 脚）和 V_{CC}（16 脚）分别连接 5V 电源的负极和正极。
（2）将数码输入端 A_3（6 脚）、A_2（2 脚）、A_1（1 脚）和 A_0（7 脚）分别接到逻辑开关 K_3、K_2、K_1 和 K_0 上。
（3）将试灯输入端 $\overline{LT}$（3 脚）接到逻辑开关 K_4 上。
（4）将灭灯输入端 $\overline{BI}$（4 脚）接到逻辑开关 K_5 上。
（5）将输出端 Y_a（13 脚）、Y_b（12 脚）、Y_c（11 脚）、Y_d（10 脚）、Y_e（9 脚）、Y_f（15 脚）、Y_g（14 脚）分别接到电平指示器 L_6、L_5、L_4、L_3、L_2、L_1、L_0 上。
（6）通电，拨动逻辑开关，将结果记录到表 6-9 中。

表 6-9　显示译码器 74LS48 功能测试表

K_5	K_4	K_3	K_2	K_1	K_0	L_6	L_5	L_4	L_3	L_2	L_1	L_0
0	×	×	×	×	×							
1	0	×	×	×	×							
1	1	0	0	0	0							
1	1	0	0	0	1							
1	1	0	0	1	0							
1	1	0	0	1	1							
1	1	0	1	0	0							
1	1	0	1	0	1							
1	1	0	1	1	0							
1	1	0	1	1	0							

续表

K_5	K_4	K_3	K_2	K_1	K_0	L_6	L_5	L_4	L_3	L_2	L_1	L_0
1	1	0	1	1	1							
1	1	1	0	0	0							
1	1	1	0	0	1							
1	1	1	0	1	0							
1	1	1	0	1	1							
1	1	1	1	0	0							
1	1	1	1	0	1							
1	1	1	1	1	0							
1	1	1	1	1	1							

操作题目2：LED 数码管功能测试

操作方法：

(1) 将 LED 数码管的 COM（3 脚）或 COM（8 脚）连接到电源的负极。

(2) 将 LED 数码管的输入端 a（7 脚）、b（6 脚）、c（4 脚）、d（2 脚）、e（1 脚）、f（9 脚）和 g（10 脚）分别接到逻辑开关 K_6、K_5、K_4、K_3、K_2、K_1 和 K_0 上。

(3) 通电，拨动逻辑开关，将显示结果在表 6-10 中描出。

表 6-10 LED 数码管功能测试表

K_6	K_5	K_4	K_3	K_2	K_1	K_0	显示结果
1	0	0	0	0	0	0	
0	1	0	0	0	0	0	
0	0	1	0	0	0	0	
0	0	0	1	0	0	0	
0	0	0	0	1	0	0	
0	0	0	0	0	1	0	
0	0	0	0	0	0	1	

操作题目3：译码显示电路

操作方法：

(1) 将 74LS48 的 GND（8 脚）和 V_{CC}（16 脚）分别连接 5V 电源的负极和正极。

(2) 将 74LS48 的数码输入端 A_3（6 脚）、A_2（2 脚）、A_1（1 脚）和 A_0（7 脚）分别接到逻辑开关 K_3、K_2、K_1 和 K_0 上。

(3) 将 74LS48 的输出端 Y_a（13 脚）、Y_b（12 脚）、Y_c（11 脚）、Y_d（10 脚）、Y_e（9 脚）、

Y_f（15 脚）、Y_g（14 脚），分别接到 LED 数码管的输入端 a（7 脚）、b（6 脚）、c（4 脚）、d（2 脚）、e（1 脚）、f（9 脚）和 g（10 脚）上。

（4）将 LED 数码管的 COM（3 脚或 8 脚）连接到电源的负极。

（5）通电，拨动逻辑开关，将显示结果在表 6-11 中描出。

表 6-11 译码显示电路测试表

K_3	K_2	K_1	K_0	显 示 结 果	K_3	K_2	K_1	K_0	显 示 结 果
0	0	0	0		1	0	0	0	
0	0	0	1		1	0	0	1	
0	0	1	0		1	0	1	0	
0	0	1	1		1	0	1	1	
0	1	0	0		1	1	0	0	
0	1	0	1		1	1	0	1	
0	1	1	0		1	1	1	0	
0	1	1	1		1	1	1	1	

任务考核与评价（表 6-12）

表 6-12 译码显示电路功能测试考核

任 务 内 容	配 分	评 分 标 准		自 评	互 评	教 师 评
74LS48 功能测试	30	①电源连接	4 分			
		②输入连接	6 分			
		③输出连接	7 分			
		④操作演示	8 分			
		⑤数据记录	5 分			
LED 数码管功能测试	30	①电源连接	3 分			
		②输入连接	14 分			
		③操作演示	8 分			
		④数据记录	5 分			
译码显示电路	40	①电源连接	6 分			
		②输入连接	21 分			
		③操作演示	8 分			
		④数据记录	5 分			
定额时间	90min	每超过 5min	扣 10 分			
开始时间		结束时间		总评分		

任务 3 组合逻辑电路设计与测试

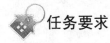任务要求

通过采用 74LS20 设计实际组合逻辑电路，要求学生掌握组合逻辑电路的设计步骤及实现过程。

1. 知识目标

（1）掌握 74LS20 的逻辑功能。
（2）掌握组合逻辑电路的设计步骤。
（3）了解集成块引脚排列情况。

2. 技能目标

（1）掌握 74LS20 的测试方法。
（2）掌握组合逻辑电路设计的实现过程。

任务相关知识

1. 74LS20 芯片

74LS20 芯片内含有两个独立的与非门，每个与非门有四个输入端。74LS20 的外引脚排列图如图 6-8 所示。

74LS20 的逻辑功能说明如下：

（1）$A_1 \sim D_1$ 为四个输入端，Y_1 为输出端，它们共同组成一组四输入与非门。

（2）$A_2 \sim D_2$ 为四个输入端，Y_2 为输出端，它们共同组成一组四输入与非门。

（3）NC 是没有使用的引脚，称为空脚。

图 6-8 74LS20 芯片外引脚排列图

2. 组合逻辑电路的设计

组合逻辑电路的设计就是根据给定的实际逻辑问题求出实现这一逻辑功能的最简逻辑电路。所谓"最简"，就是指电路所用的器件数最少、器件种类最少、器件间的连线也最少。

组合逻辑电路的设计步骤如下：

（1）进行逻辑抽象

将给定的实际逻辑问题通过抽象，用一个逻辑函数表达式来描述。其具体方法为：

① 分析事件的因果关系，确定输入、输出变量，并对输入、输出变量进行逻辑赋值。用逻辑 0、逻辑 1 分别代表输入变量和输出变量的两种不同状态。

② 根据给定的实际逻辑问题中的因果关系列出真值表。

③ 根据真值表写出逻辑函数表达式。

（2）选择器件种类

根据对电路的具体要求和器件资源情况决定采用哪一种类型的器件。

（3）将逻辑函数表达式进行化简或进行适当的形式变换

可采用代数化简法或卡诺图化简法对逻辑函数进行化简；若对所用器件的种类有所限制，须将逻辑函数表达式变换成与器件相适应的形式。

（4）根据化简或变换后的逻辑函数表达式画逻辑图

组合逻辑电路的设计步骤框图如图6-9所示。

图6-9 组合逻辑电路设计步骤框图

3. 设计举例

设计一个三人表决电路。当三个人中多数表示同意，则表决通过，否则表决不通过。要求采用74LS20来实现。

（1）逻辑抽象

① 分析设计要求，确定输入变量、输出变量，并对其进行逻辑赋值。

设输入变量为 A、B、C 分别表示三个人的意见，同意为 1，否则为 0；输出变量为 Y 表示表决的结果，通过为 1，否则为 0。

② 根据命题列真值表，见表6-13。

表6-13 设计举例真值表

输 入			输 出
A	B	C	Y
0	0	0	0
0	0	1	0
0	1	0	0
0	1	1	1
1	0	0	0
1	0	1	1
1	1	0	1
1	1	1	1

③ 根据真值表写出逻辑函数表达式：

$Y = \overline{A}BC + A\overline{B}C + AB\overline{C} + ABC$

（2）选定逻辑器件

根据设计要求采用74LS20来实现。

（3）变换逻辑函数

$$Y = \overline{A}BC + A\overline{B}C + AB\overline{C} + ABC = BC + AC + AB = \overline{\overline{BC} \cdot \overline{AC} \cdot \overline{AB}}$$

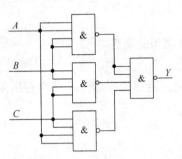

（4）根据逻辑函数表达式画出逻辑图如图 6-10 所示。

图 6-10 组合逻辑电路设计逻辑图

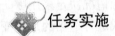 **任务实施**

1. 任务实施器材

（1）数字实验台一台/组。
（2）万用表一块/组。
（3）74LS20 两块/组。

2. 任务实施步骤

操作提示：
（1）注意 74LS20 的引脚排列顺序。
（2）检查数字实验台提供的电源电压是否是 5V。

操作题目 1：74LS20 功能测试

操作方法：
（1）将 74LS20 的 GND（7 脚）和 V_{CC}（14 脚）分别连接 5V 电源的负极和正极。
（2）选择任意与非门，将输入端接到逻辑开关，输出端接到电平指示器。
（3）拨动逻辑开关，将结果记录到表 6-14 中。
（4）换一个与非门，继续重复（2）和（3），直到将两个与非门全部测试完毕。
（5）将是否具有与非功能结论填到表 6-14 中。

表 6-14 与非门功能测试表

A_1	B_1	C_1	D_1	Y_1	A_2	B_2	C_2	D_2	Y_2
0	0	0	0		0	0	0	0	
0	0	0	1		0	0	0	1	
0	0	1	0		0	0	1	0	
0	0	1	1		0	0	1	1	
0	1	0	0		0	1	0	0	
0	1	0	1		0	1	0	1	
0	1	1	0		0	1	1	0	
0	1	1	1		0	1	1	1	
1	0	0	0		1	0	0	0	
1	0	0	1		1	0	0	1	
1	0	1	0		1	0	1	0	
1	0	1	1		1	0	1	1	
1	1	0	0		1	1	0	0	
1	1	0	1		1	1	0	1	

续表

A_1	B_1	C_1	D_1	Y_1	A_2	B_2	C_2	D_2	Y_2
1	1	1	0		1	1	1	0	
1	1	1	1		1	1	1	1	
结论：									

操作题目 2：组合逻辑电路的设计

设计一个三人表决电路。当三个人中多数表示同意，则表决通过，否则表决不通过。要求采用 74LS20 来实现。

操作方法：

参照图 6-10 来完成接线。

（1）将两片 74LS20 的 GND（7 脚）和 V_{CC}（14 脚）分别连接 5V 电源的负极和正极。

（2）将第一片 74LS20 的输入端 A_1（1 脚）、B_1（2 脚）和第二片的输入端 A_1（1 脚）、B_1（2 脚）接到一起，并接到逻辑开关 K_0 上。

（3）将第一片 74LS20 的输入端 C_1（4 脚）、D_1（5 脚）和 A_2（9 脚）、B_2（10 脚）接到一起，并接到逻辑开关 K_1 上。

（4）将第一片 74LS20 的输入端 C_2（12 脚）、D_2（13 脚）和第二片的输入端 C_1（4 脚）、D_1（5 脚）接到一起，并接到逻辑开关 K_2 上。

（5）将第一片 74LS20 的输出端 Y_1（6 脚）接到第二片的输入端 A_2（9 脚）、B_2（10 脚）上。

（6）将第一片 74LS20 的输出端 Y_2（8 脚）接到第二片的输入端 C_2（12 脚）上。

（7）将第二片 74LS20 的输出端 Y_1（6 脚）接到第二片的输入端 D_2（13 脚）上。

（8）将第二片 74LS20 的输出端 Y_2（8 脚）接到电平指示器 L_0 上。

（9）通电，拨动逻辑开关，将结果记录到表 6-15 中。

表 6-15 组合逻辑电路设计测试表

K_2	K_1	K_0	L_0	K_2	K_1	K_0	L_0
0	0	0		1	0	0	
0	0	1		1	0	1	
0	1	0		1	1	0	
0	1	1		1	1	1	

任务考核与评价（表 6-16）

表 6-16 组合逻辑电路的设计与测试考核

任务内容	配 分	评 分 标 准		自 评	互 评	教师评
74LS20 功能测试	50	①电源连接	4 分			
		②输入连接	22 分			
		③输出连接	4 分			
		④操作演示	15 分			
		⑤数据记录	5 分			

任务内容	配 分	评 分 标 准		自 评	互 评	教师评
组合逻辑电路的设计	50	①电源连接	4 分			
		②输入连接	16 分			
		③输出连接	10 分			
		④操作演示	15 分			
		⑤数据记录	5 分			
定额时间	90min	每超过 5min	扣 10 分			
开始时间		结束时间		总评分		

任务 4　数据选择器功能测试

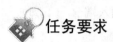 任务要求

通过对 74LS151 的实际使用，要求学生掌握数据选择器的功能和工作过程。

1. 知识目标

（1）了解数据选择器的定义和作用。
（2）掌握 74LS151 的逻辑功能。
（3）了解集成块的引脚排列情况。

2. 技能目标

（1）掌握 74LS151 的测试方法。
（2）掌握使用 74LS151 来设计组合逻辑电路的过程。
（3）掌握按照器件引脚图和逻辑电路图进行接线技能。

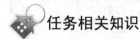 任务相关知识

1. 数据选择器 74LS151

数据选择器又称多路选择器，它能从多个输入数据中选择一个数据输出，数据选择器有四选一、八选一、十六选一等多种类型。

图 6-11 所示是集成八选一数据选择器 74LS151 的符号图和外

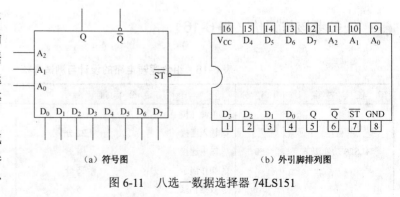

（a）符号图　　　　　　　（b）外引脚排列图

图 6-11　八选一数据选择器 74LS151

引脚排列图，表 6-17 是 74LS151 的真值表。

表 6-17　八选一数据选择器 74LS151 真值表

输入				输出	
$\overline{ST}$	A_2	A_1	A_0	Q	$\overline{Q}$
1	×	×	×	0	1
0	0	0	0	D_0	$\overline{D_0}$
0	0	0	1	D_1	$\overline{D_1}$
0	0	1	0	D_2	$\overline{D_2}$
0	0	1	1	D_3	$\overline{D_3}$
0	1	0	0	D_4	$\overline{D_4}$
0	1	0	1	D_5	$\overline{D_5}$
0	1	1	0	D_6	$\overline{D_6}$
0	1	1	1	D_7	$\overline{D_7}$

74LS151 的逻辑功能说明如下：

（1）$D_0 \sim D_7$ 为八个数据输入端。

（2）$A_2 \sim A_0$ 为三个地址信号输入端，输出信号选择输入信号中的哪一路，由地址信号决定。如当 $A_2A_1A_0$=000 时，$Q = D_0$。

（3）$\overline{ST}$ 为使能输入端，低电平有效，即当 $\overline{ST} = 0$ 时，数据选择器工作，反之则不工作。

（4）Q 和 $\overline{Q}$ 为互补信号输出端，Q 输出被选择的数据，$\overline{Q}$ 则输出被选择数据的非。

根据 74LS151 的真值表得出八选一数据选择器的输出逻辑函数表达式：

$$Y = \overline{A_2}\,\overline{A_1}\,\overline{A_0}D_0 + \overline{A_2}\,\overline{A_1}A_0D_1 + \overline{A_2}A_1\overline{A_0}D_2 + \overline{A_2}A_1A_0D_3 + A_2\overline{A_1}\,\overline{A_0}D_4$$
$$+ A_2\overline{A_1}A_0D_5 + A_2A_1\overline{A_0}D_6 + A_2A_1A_0D_7$$
$$= m_0D_0 + m_1D_1 + m_2D_2 + m_3D_3 + m_4D_4 + m_5D_5 + m_6D_6 + m_7D_7$$

2. 实现逻辑函数

当数据选择器处于工作状态即 $\overline{ST}$=0，而且输入的全部数据为 1 时，输出函数 Y 的表达式便是地址变量的全体最小项之和。而任何一个逻辑函数都可以写成最小项之和的形式，所以用数据选择器可以很方便地实现组合逻辑函数。其方法是若在数据选择器的输出函数表达式中包含逻辑函数中的最小项时，则相应的输入数据取 1，而对于不包含在逻辑函数中的最小项，则相应输入数据取 0。

如用 74LS151 实现逻辑函数 $Y = AC + AB + BC$

（1）写出逻辑函数的最小项表达式。

$$Y = AC + AB + BC$$
$$= A(B + \overline{B})C + AB(C + \overline{C}) + (A + \overline{A})BC$$
$$= \overline{A}BC + A\overline{B}C + AB\overline{C} + ABC$$
$$= m_3 + m_5 + m_6 + m_7$$

（2）将逻辑函数表达式中的最小项对应的输入数据取 1，其他输入数据取 0。

$A_2=A$，$A_1=B$，$A_0=C$。
$D_3=D_5=D_6=D_7=1$，$D_0=D_1=D_2=D_4=0$。

（3）逻辑电路图如图 6-12 所示。

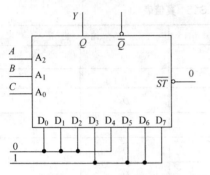

图 6-12 数据选择器实现函数逻辑电路图

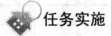 **任务实施**

1. 任务实施器材

（1）数字实验台一台/组。
（2）万用表一块/组。
（3）74LS151 一块/组。

2. 任务实施步骤

操作提示：
（1）注意 74LS151 的引脚排列顺序，接线时要参照引脚排列图。
（2）检查数字实验台提供的电源电压是否是 5V。

操作题目 1：74LS151 功能测试

操作方法：
（1）将 74LS151 的 GND（8 脚）和 V_{CC}（16 脚）分别连接 5V 电源的负极和正极。
（2）将数据输入端 D_7（12 脚）、D_6（13 脚）、D_5（14 脚）、D_4（15 脚）、D_3（1 脚）、D_2（2 脚）、D_1（3 脚）和 D_0（4 脚）分别接到逻辑开关 $K_7 \sim K_0$。
（3）将地址输入端 A_2（11 脚）、A_1（10 脚）和 A_0（9 脚）分别接到逻辑开关 K_{10}、K_9 和 K_8 上。
（4）将使能输入端 $\overline{ST}$（7 脚）接到逻辑开关 K_{11} 上。
（5）将输出端 Q（5 脚）和 $\overline{Q}$（6 脚）分别接到电平指示器 L_1 和 L_0 上。
（6）通电，拨动逻辑开关，将结果记录到表 6-18 中。

表 6-18 数据选择器 74LS151 功能测试表

K_{11}	K_{10}	K_9	K_8	K_7	K_6	K_5	K_4	K_3	K_2	K_1	K_0	L_1	L_0
0	×	×	×	×	×	×	×	×	×	×	×		
1	0	0	0	×	×	×	×	×	×	×	0		
1	0	0	0	×	×	×	×	×	×	×	1		
1	0	0	1	×	×	×	×	×	×	0	×		
1	0	0	1	×	×	×	×	×	×	1	×		
1	0	1	0	×	×	×	×	×	0	×	×		
1	0	1	0	×	×	×	×	×	1	×	×		
1	0	1	1	×	×	×	×	0	×	×	×		

续表

K_{11}	K_{10}	K_9	K_8	K_7	K_6	K_5	K_4	K_3	K_2	K_1	K_0	L_1	L_0
1	0	1	1	×	×	×	×	1	×	×	×		
1	1	0	0	×	×	×	0	×	×	×	×		
1	1	0	0	×	×	×	1	×	×	×	×		
1	1	0	1	×	×	0	×	×	×	×	×		
1	1	0	1	×	×	1	×	×	×	×	×		
1	1	1	0	×	0	×	×	×	×	×	×		
1	1	1	0	×	1	×	×	×	×	×	×		
1	1	1	1	0	×	×	×	×	×	×	×		
1	1	1	1	1	×	×	×	×	×	×	×		

操作题目 2：数据选择器实现函数

$$Y = AC + AB + BC$$

操作方法：

（1）写出逻辑函数的最小项表达式，将结果记录到表 6-19 中。

（2）画出逻辑电路图，将结果记录到表 6-19 中。

（3）画出 74LS151 的外引脚排列图，将结果记录到表 6-19 中。

（4）将 74LS151 的 GND 和 V_{CC} 分别连接 5V 电源的负极和正极。

（5）按照逻辑电路图和外引脚排列图连接电路。

（6）通电，拨动逻辑开关，将结果记录到表 6-19 中。

表 6-19　数据选择器 74LS151 实现函数测试表

	A	B	C	Y
最小项的推导：	0	0	0	
	0	0	1	
	0	1	0	
逻辑图的绘制：	0	1	1	
	1	0	0	
	1	0	1	
	1	1	0	
	1	1	1	
74LS151 的外引脚排列图：				

任务考核与评价（表 6-20）

表 6-20 数据选择器功能测试考核

任务内容	配 分	评 分 标 准		自 评	互 评	教 师 评
74LS151 功能测试	50	①电源连接	4 分			
		②输入连接	22 分			
		③输出连接	4 分			
		④操作演示	15 分			
		⑤数据记录	5 分			
数据选择器实现函数	50	①公式推导	10 分			
		②逻辑电路图的绘制	10 分			
		③外引脚排列图的绘制	10 分			
		④线路的连接	10 分			
		⑤操作演示	5 分			
		⑥数据记录	5 分			
定额时间	90min	每超过 5min	扣 10 分			
开始时间		结束时间		总评分		

任务 5　触发器功能测试

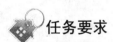 任务要求

通过对 74LS112 的实际使用，要求学生掌握触发器的功能及相互转换。

1. 知识目标

（1）了解触发器的定义和分类。
（2）掌握 74LS112 的逻辑功能。
（3）掌握触发器之间的转换方法。
（4）了解集成块的引脚排列情况。

2. 技能目标

（1）掌握 74LS112 的测试方法。
（2）掌握使用 74LS112 转换为其他触发器的方法。
（3）掌握按照器件引脚图和逻辑电路图进行接线的技能。

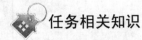 任务相关知识

1. 触发器

触发器是具有记忆功能的二进制信息存储器件，是时序逻辑电路的基本单元之一。触

发器具有两个稳定状态,用以表示逻辑状态 1 和 0,在一定外界信号作用下,可以从一个稳定状态转到另一个稳定状态。

触发器按逻辑功能可分 RS、JK、D、T 和 T′触发器。

触发方式有电平触发和边沿触发两种。边沿触发器只在时钟脉冲的上升沿(或下降沿)的瞬间,触发器根据输入信号的变化进行状态的改变,而在其他时间里输入信号的变化对触发器的状态均无影响。按触发器翻转所对应的时钟脉冲 CP 时刻不同,可把边沿触发器分为 CP 上升沿触发和 CP 下降沿触发。

2. JK 触发器 74LS112

JK 触发器是一种逻辑功能完善,通用性强的集成触发器,在产品中应用较多的是下降沿触发的边沿型 JK 触发器。

JK 触发器的逻辑符号和外引脚排列图如图 6-13 所示,表 6-21 是其特性表。

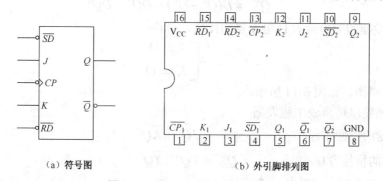

(a) 符号图　　　　　　　　　(b) 外引脚排列图

图 6-13　边沿 JK 触发器 74LS112

JK 触发器的特性方程为:

$$Q^{n+1} = J\overline{Q^n} + \overline{K}Q^n \text{(CP 下降沿有效)}$$

表 6-21　JK 触发器特性表

$\overline{SD}$	$\overline{RD}$	CP	J K	Q^n	Q^{n+1}	说　明
0	1	×	× ×	×	1	直接置 1
1	0	×	× ×	×	0	直接置 0
1	1	下降沿	0 0	0 1	0 1	保持
1	1	下降沿	0 1	0 1	0 0	置 0
1	1	下降沿	1 0	0 1	1 1	置 1
1	1	下降沿	1 1	0 1	1 0	翻转

74LS112 的逻辑功能说明如下:

(1) $\overline{SD}$ 为异步置 1 输入端,$\overline{RD}$ 为异步清 0 输入端,它们都不受 CP 脉冲的控制,只要有效就直接置 1 或清 0。

（2）CP 为脉冲信号输入端，下降沿有效。

（3）J 和 K 是信号输入端。

（4）Q 和 $\overline{Q}$ 为互补信号输出端。

3. 触发器的转换

厂家制作和商家销售的触发器多为集成 D 触发器和 JK 触发器，因此这就要求开发及学习人员必须掌握不同类型触发器之间的转换方法。

（1）JK 触发器转换成 D 触发器

JK 触发器的特性方程：$\qquad Q^{n+1} = J\overline{Q^n} + \overline{K}Q^n$

D 触发器的特性方程：$\qquad Q^{n+1} = D$

变换 D 触发器的特性方程：

$$Q^{n+1} = D(\overline{Q^n} + Q^n) = D\overline{Q^n} + DQ^n$$

将 JK 触发器和变换后的 D 触发器相比较，可得：

$$\begin{cases} J = D \\ K = \overline{D} \end{cases}$$

画转换逻辑图，如图 6-14 所示。

（2）JK 触发器转换成 T 触发器

JK 触发器的特性方程：$\qquad Q^{n+1} = J\overline{Q^n} + \overline{K}Q^n$

T 触发器的特性方程：$\qquad Q^{n+1} = T\overline{Q^n} + \overline{T}Q^n$

直接比较两方程，可得出：

$$J=K=T$$

画转换逻辑图，如图 6-15 所示。

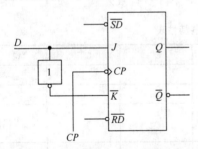

图 6-14　JK 触发器转换为 D 触发器逻辑图　　图 6-15　JK 触发器转换为 T 触发器逻辑图

任务实施

1. 任务实施器材

（1）数字实验台一台/组。

（2）万用表一块/组。

（3）74LS112 一块/组。

2. 任务实施步骤

操作提示：

（1）注意 74LS112 的引脚排列顺序，接线时要参照引脚排列图。
（2）检查数字实验台提供的电源电压是否是 5V。

操作题目 1：74LS112 功能测试

操作方法：

（1）将 74LS112 的 GND 和 V_{CC} 分别连接到 5V 电源的负极和正极。
（2）将输入端 $\overline{RD}$、$\overline{SD}$、J 和 K 分别接到逻辑开关 $K_3 \sim K_0$。
（3）将脉冲输入端 CP 接到实验台的秒脉冲输出端上。
（4）将互补输出端 Q 和 $\overline{Q}$ 分别接到电平指示器 L_1 和 L_0 上。
（5）通电，拨动逻辑开关，将结果记录到表 6-22 中。

表 6-22　JK 触发器 74LS112 功能测试表

CP	K_3	K_2	K_1	K_0	L_1	L_0
↓	0	×	×	×		
↓	×	0	×	×		
↓	1	1	0	0		
↓	1	1	0	1		
↓	1	1	1	0		
↓	1	1	1	1		

操作题目 2：触发器的转换

操作方法：

（1）将 74LS112 连接到 5V 电源上。
（2）画出 JK 触发器转换成 D 触发器的电路图，将结果记录到表 6-23 中。
（3）画出 74LS112 外引脚排列图，将结果记录到表 6-23 中。
（4）按照电路图和外引脚排列图连接电路。
（5）通电，拨动逻辑开关，将结果记录到表 6-23 中。

表 6-23　JK 触发器转换成 D 触发器功能测试表

转换电路图：		$\overline{SD}$	$\overline{RD}$	CP	D	Q	$\overline{Q}$
		0	1	×	×		
		1	0	×	×		
		1	1	↓	0		
		1	1	↓	1		
引脚排列图：		结论：					

(6) 画出 JK 触发器转换成 T 触发器的电路图,将结果记录到表 6-24 中。
(7) 按照电路图和外引脚排列图连接电路。
(8) 通电,拨动逻辑开关,将结果记录到表 6-24 中。

表 6-24　JK 触发器转换成 T 触发器功能测试表

转换电路图:	$\overline{SD}$	$\overline{RD}$	CP	T	Q	$\overline{Q}$
	0	1	×	×		
	1	0	×	×		
	1	1	↓	0		
	1	1	↓	1		
结论:						

任务考核与评价(表 6-25)

表 6-25　触发器功能测试考核

任务内容	配　分	评　分　标　准		自　评	互　评	教师评
74LS112 功能测试	30	①电源连接	4 分			
		②输入连接	8 分			
		③输出连接	4 分			
		④操作演示	9 分			
		⑤数据记录	5 分			
触发器的转换	70	①公式推导	10 分			
		②电路图的绘制	20 分			
		③外引脚排列图的绘制	10 分			
		④线路的连接	15 分			
		⑤操作演示	10 分			
		⑥数据记录	5 分			
定额时间	90min	每超过 5min	扣 10 分			
开始时间		结束时间		总评分		

任务 6　计数器功能测试

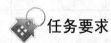任务要求

通过对 74LS160 的实际使用,要求学生掌握计数器的功能及采用 74LS160 实现 N 进制计数器的方法。

1. 知识目标

(1) 了解计数器的定义和分类。
(2) 掌握 74LS160 的逻辑功能。

（3）掌握实现 N 进制计数器的方法。
（4）了解集成块的引脚排列情况。

2. 技能目标

（1）掌握 74LS160 的测试方法。
（2）掌握使用 74LS160 实现 N 进制计数器的方法。
（3）掌握按照器件引脚图和逻辑电路图进行接线的技能。

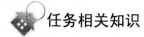 任务相关知识

1. 计数器

计数器是能对输入时钟脉冲的个数进行累计的时序逻辑电路。计数器通常是数字系统中广泛使用的主要器件，除了计数功能外，还可用于分频、定时、产生节拍脉冲以及进行数字运算等。

计数器的分类：
（1）按计数长度（也称为模）可分为二进制、十进制及任意（N）进制计数器。
（2）按计数时钟脉冲的引入方式可分为同步和异步计数器。
（3）按计数值的增减方式可分为加法、减法及可逆计数器（或叫加/减计数器）等。

2. 集成计数器 74LS160

74LS160 是异步清零、同步置数的十进制加法计数器，利用级联可以构成任意进制的计数器。其符号图和外引脚排列图如图 6-16 所示。表 6-26 是其功能表。

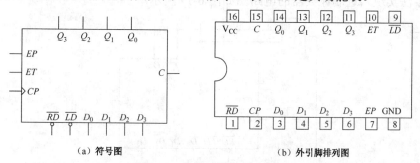

(a) 符号图　　　　　　　　(b) 外引脚排列图

图 6-16　集成计数器 74LS160

表 6-26　集成计数器 74LS160 功能表

输入									输出				功能说明
$\overline{RD}$	$\overline{LD}$	EP	ET	CP	D_3	D_2	D_1	D_0	Q_3	Q_2	Q_1	Q_0	
0	×	×	×	×	×	×	×	×	0	0	0	0	异步清零
1	0	×	×	↑	d_3	d_2	d_1	d_0	d_3	d_2	d_1	d_0	同步置数
1	1	0	×	×	×	×	×	×	Q_3	Q_2	Q_1	Q_0	保持
1	1	×	0	×	×	×	×	×					
1	1	1	1	↑	×	×	×	×	同步加法计数				加法计数

74LS160 的逻辑功能说明如下：

（1）$\overline{RD}$ 是异步清零输入端，低电平有效。当 $\overline{RD}$ =0 时，使计数器清 0。由于其功能不受脉冲控制，故称为异步清零。

（2）$\overline{LD}$ 是同步置数输入端，低电平有效，$D_3D_2D_1D_0$ 是预置的数。当 $\overline{LD}$ =0、$\overline{RD}$ 无效，且逢脉冲是上升沿时，$Q_3Q_2Q_1Q_0 = D_3D_2D_1D_0$，即将初始数据 $D_3D_2D_1D_0$ 送到相应的输出端，实现同步预置数据。

（3）ET、EP 为使能输入端，高电平有效。当 $\overline{RD} = \overline{LD} =1$，同时 EP、ET 有效时，且逢 CP 是上升沿时，74LS160 按十进制加法方式进行计数。

（4）CP 是脉冲信号输入端。

（5）Q_3、Q_2、Q_1、Q_0 是计数输出端。

（6）C 是进位输出端。只有当 $Q_3Q_2Q_1Q_0$=1111 时，C 才输出有效信号。

3. 进制转换方法

（1）清零法

清零法是将 N 进制计数器的输出 $Q_3Q_2Q_1Q_0$ 中等于"1"的输出端，通过一个与非门反馈到清零端 $\overline{RD}$，使输出回零。

清零法转换成 N 进制方法如下：

① 将 N 写成二进制数。如实现六进制，写成二进制数为 $(0110)_2$。

② 将二进制数与 $Q_3Q_2Q_1Q_0$ 相对应，把是"1"的输出端引出去。如实现六进制，Q_2Q_1 被引出。

③ 引出端通过一个与非门反馈到清零端 $\overline{RD}$。

④ $\overline{LD}$ =ET=EP=1，CP 提供脉冲信号。

用清零法实现六进制计数器的电路图如图 6-17 所示。

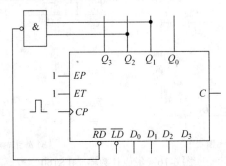

图 6-17 清零法实现六进制计数器

（2）预置数法

预置数法是利用同步置数输入端 $\overline{LD}$ 和预置的数据输入端 $D_3D_2D_1D_0$ 来实现的。

预置数法转换成 N 进制方法如下：

① 将 N-1 写成二进制数。如实现六进制，写成二进制数为 $(0101)_2$。

② 将二进制数与 $Q_3Q_2Q_1Q_0$ 相对应，把是"1"的输出端引出去。如实现六进制，Q_2Q_0 被引出。

③ 引出端通过一个与非门反馈到同步置数输入端 $\overline{LD}$。

④ $\overline{RD}$=ET=EP=1,Q_3=Q_2=Q_1=Q_0=0,CP 提供脉冲信号。

用预置数法实现六进制计数器的电路图如图 6-18 所示。

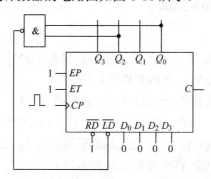

图 6-18 预置数法实现六进制计数器

4. 计数器的级联

一片 74LS160 只能实现十进制及以内的计数器,当超过十进制的时候,就需要用多片计数器来实现,这就产生了级联问题,所谓级联就是片与片之间的连接关系。

用低位计数器的进位输出端触发高位计数器的计数脉冲 CP 端。

实现 100 进制计数器的电路图如图 6-19 所示。

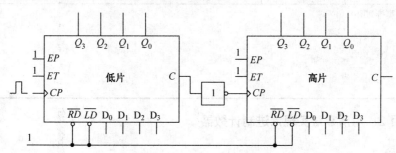

图 6-19 74LS160 实现 100 进制计数器

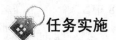 任务实施

1. 任务实施器材

(1) 数字实验台一台/组。
(2) 万用表一块/组。
(3) 74LS160 两块/组。
(4) 74LS00 一块/组。

2. 任务实施步骤

操作提示:

(1) 注意 74LS160 的引脚排列顺序,接线时要参照引脚排列图。

（2）用万用表检查数字实验台提供的电源电压是否是 5V。

操作题目 1：74LS160 功能测试

操作方法：

（1）画出 74LS160 外引脚排列图，将结果记录到表 6-27 中。

（2）将 74LS160 连接到 5V 电源的负极和正极。

（3）将脉冲输入端 CP 接到实验台的秒脉冲输出端 CP 上。

（4）将输入端 $\overline{RD}$、$\overline{LD}$、EP、ET、D_3、D_2、D_1 和 D_0 分别接到逻辑开关 $K_7 \sim K_0$ 上。

（5）将输出端 Q_3、Q_2、Q_1 和 Q_0 分别接到电平指示器 $L_3 \sim L_0$ 上。

（6）通电，拨动逻辑开关，将结果记录到表 6-27 中。

表 6-27　74LS160 功能测试表

CP	K_7	K_6	K_5	K_4	K_3	K_2	K_1	K_0	L_3	L_2	L_1	L_0
↑	0	×	×	×	×	×	×	×				
↑	1	0	×	×	×	×	×	×				
↑	1	1	0	×	×	×	×	×				
↑	1	1	×	0	×	×	×	×				
↑	1	1	1	1	×	×	×	×	是否计数：			

74LS160 外引脚排列图：

操作题目 2：用清零法实现六进制计数器

操作方法：

（1）将 74LS160 连接到 5V 电源的负极和正极。

（2）画出用清零法实现六进制计数器的电路图，将结果记录到表 6-28 中。

（3）按照电路图和外引脚排列图连接电路。

（4）通电，拨动逻辑开关，将结果记录到表 6-28 中。

表 6-28　清零法实现六进制测试表

用清零法实现六进制计数器的电路图：	CP	Q_3	Q_2	Q_1	Q_0
	↑				
	↑				
	↑				
	↑				
	↑				
	↑				
	↑				
	结论：				

操作题目 3：用预置数法实现六进制计数器

操作方法：

（1）将 74LS160 连接到 5V 电源的负极和正极。

（2）画出用预置数法实现六进制计数器的电路图，将结果记录到表 6-29 中。

（3）按照电路图和外引脚排列图连接电路。

（4）通电，拨动逻辑开关，将结果记录到表 6-29 中。

表 6-29 预置数法实现六进制测试表

用预置数法实现六进制计数器的电路图：	CP	Q_3	Q_2	Q_1	Q_0
	↑				
	↑				
	↑				
	↑				
	↑				
	↑				
	↑				
	结论：				

操作题目 4：用两片 74LS160 实现 100 进制计数器

操作方法：

（1）将两片 74LS160 分别连接到 5V 电源的负极和正极。

（2）画出 100 进制计数器的电路图，将结果记录到表 6-30 中。

（3）按照电路图和外引脚排列图连接电路。

（4）通电，拨动逻辑开关，观察结果，并阐述结论，将结果记录到表 6-30 中。

表 6-30 实现 100 进制测试表

用两片 74LS160 实现 100 进制计数器的电路图：
结论：

任务考核与评价（表 6-31）

表 6-31 计数器功能测试的考核

任务内容	配分	评分标准		自 评	互 评	教师评
74LS160 功能测试	20	①电源连接	2 分			
		②外引脚排列图的绘制	2 分			

续表

任务内容	配分	评分标准		自评	互评	教师评
74LS160 功能测试	20	③输入连接	4 分			
		④输出连接	2 分			
		⑤操作演示	5 分			
		⑥数据记录	5 分			
清零法实现六进制计数器测试	30	①电路图的绘制	10 分			
		②线路的连接	10 分			
		③操作演示	3 分			
		④数据记录	7 分			
预置数法实现六进制计数器测试	30	①电路图的绘制	10 分			
		②线路的连接	10 分			
		③操作演示	3 分			
		④数据记录	7 分			
两片 74LS160 实现 100 进制计数器测试	20	①电路图的绘制	9 分			
		②线路的连接	9 分			
		③操作演示	1 分			
		④数据记录	1 分			
定额时间	90min	每超过 5min	扣 10 分			
开始时间		结束时间		总评分		

任务 7 555 定时器功能测试

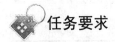
任务要求

通过对 555 定时器的实际使用，要求学生掌握用 555 定时器构成多谐振荡器和施密特触发器的功能测试方法。

1. 知识目标

（1）了解 555 定时器的特点和分类。
（2）掌握 555 定时器的逻辑功能。
（3）掌握用 555 定时器构成多谐振荡器的方法。
（4）掌握用 555 定时器构成施密特触发器的方法。

2. 技能目标

（1）掌握用 555 定时器构成多谐振荡器的测试方法。
（2）掌握用 555 定时器构成施密特触发器的测试方法。
（3）掌握按照器件引脚图和逻辑电路图进行接线的技能。

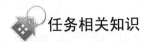**任务相关知识**

555 定时器是一种将模拟电路和数字电路混合在一起的中规模集成电路,它结构简单,使用灵活方便,应用非常广泛。只要在外部连接少数的电阻和电容,即可构成三种基本电路:多谐振荡器、施密特触发器、单稳态触发器。常用于脉冲信号的产生和变换、仪器与仪表电路、测量与控制电路、家用电器与电子玩具等许多领域。

555 定时器可分为双极型(TTL 型)和单极型(CMOS 型)两种。双极型标号为 555 和 556(双),电源电压 5V~16V,输出最大负载电流 200mA;单极型标号为 7555 和 7556(双),电源电压 3V~18V,输出最大负载电流 4mA。通常,双极型具有较大的驱动能力,而单极型具有低功耗、输入阻抗高等优点。

1. 555 定时器工作原理

555 定时器的符号图和外引脚排列图如图 6-20 所示,表 6-32 是其功能表。

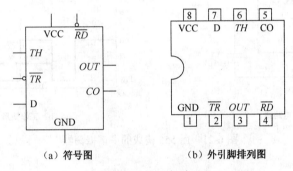

图 6-20 555 定时器

表 6-32 555 定时器功能表

输入			输出	
TH	$\overline{TR}$	$\overline{RD}$	OUT	V 状态
×	×	0	0	导通
$>\frac{2}{3}V_{CC}$	$>\frac{1}{3}V_{CC}$	1	0	导通
$<\frac{2}{3}V_{CC}$	$<\frac{1}{3}V_{CC}$	1	1	截止
$<\frac{2}{3}V_{CC}$	$>\frac{1}{3}V_{CC}$	1	不变	不变

555 定时器的功能说明如下:

(1)$\overline{RD}$ 是清零端,当 $\overline{RD}$=0 时,OUT=0,内部晶体管 V 饱和导通,放电端 D 与内部地直接连接。

(2)TH 是高电平触发信号输入端,$\overline{TR}$ 是低电平触发信号输入端。当 $\overline{RD}$=1,若 TH 大于 $2V_{CC}/3$、$\overline{TR}$ 大于 $V_{CC}/3$ 时,OUT=0,内部晶体管 V 饱和导通,放电端 D 与内部地直接连接;若 TH 小于 $2V_{CC}/3$、$\overline{TR}$ 小于 $V_{CC}/3$ 时,OUT=1,内部晶体管 V 截止,放电端 D 与内部断开;若 TH 小于 $2V_{CC}/3$、$\overline{TR}$ 大于 $V_{CC}/3$ 时,OUT 端、内部晶体管 V 以及 D 与内部的状态

保持不变。

（3）CO 外接电压输入端。当 CO 悬空时，TH 和 $\overline{TR}$ 的比较电压分别是 $2V_{CC}/3$ 和 $V_{CC}/3$；当 CO 外接电压 U_{CO} 时，TH 和 $\overline{TR}$ 的比较电压分别是 U_{CO} 和 $U_{CO}/2$。

（4）OUT 是逻辑输出端。

2. 用 555 定时器构成多谐振荡器

（1）电路结构

由 555 定时器组成的多谐振荡器电路如图 6-21（a）所示。

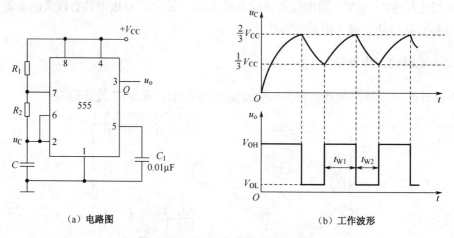

(a) 电路图　　　　　　　　　　　(b) 工作波形

图 6-21　用 555 构成的多谐振荡器

（2）工作原理

接通电源后，V_{CC} 通过 R_1、R_2 对 C 充电，u_C 开始从零上升。起初 $u_C < V_{CC}/3$，即 $TH < 2V_{CC}/3$，$\overline{TR} < V_{CC}/3$，555 的输出端为高电平，D 与电路内部断开。

当 $u_C > 2V_{CC}/3$ 时，即 $TH > 2V_{CC}/3$，$\overline{TR} > V_{CC}/3$，555 的输出端为低电平，放电端 D 与内部地直接连接，于是 C 通过 R_2 放电，u_C 下降。

当 $u_C < V_{CC}/3$ 时，又回到 $TH < 2V_{CC}/3$，$\overline{TR} < V_{CC}/3$，555 的输出端再次为高电平，C 停止放电而重新充电。如此周而复始，在一种暂稳态和另一种暂稳态之间自动转换，便形成了振荡，电路工作波形如图 6-21（b）所示。

电容充电时间：$t_{W1} \approx 0.7(R_1 + R_2)C$

电容放电时间：$t_{W2} \approx 0.7R_2C$

3. 用 555 定时器构成施密特触发器

（1）电路结构

由 555 定时器组成的施密特触发器电路如图 6-22（a）所示。

（2）工作原理

设输入为三角波，如图 6-22（b）所示。由电路可知，当输入 $u_i < V_{CC}/3$ 时，即 $TH = \overline{TR} < V_{CC}/3$，输出端为高电平；当 $V_{CC}/3 < u_i < 2V_{CC}/3$ 时，电路输出端维持原态不变，继续为高电平；当输入 $u_i > 2V_{CC}/3$ 时，即 $TH = \overline{TR} > 2V_{CC}/3$，电路发生翻转，输出端变为低电平；当 u_i 上升到

峰值后，u_i 的大小又开始下降，只要 $u_i > V_{CC}/3$，电路的输出端仍为低电平；当 $u_i < V_{CC}/3$ 时，电路再次翻转，输出端又返回高电平。该电路的工作波形如图 6-22（b）所示。

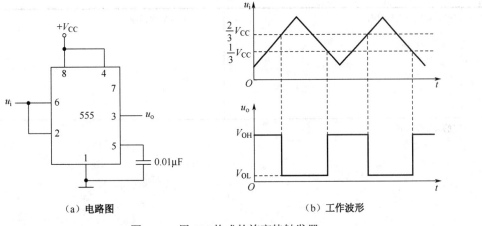

(a) 电路图　　　　　　　　　　(b) 工作波形

图 6-22　用 555 构成的施密特触发器

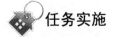**任务实施**

1. 任务实施器材

（1）数字实验台一台/组。
（2）万用表一块/组。
（3）555 定时器一块/组。
（4）10kΩ 电阻一个/组。
（5）100kΩ 电阻两个/组。
（6）10μF 电容一个/组。
（7）0.01μF 电容一个/组。
（8）双踪示波器一台/组。

2. 任务实施步骤

操作提示：
（1）注意 555 定时器的引脚排列顺序，接线时要参照引脚排列图。
（2）用万用表检查数字实验台提供的电源电压是否是 5V。

操作题目 1：多谐振荡器功能测试

操作方法：
（1）画出 555 定时器外引脚排列图，将结果记录到表 6-33 中。
（2）画出用 555 定时器构成多谐振荡器电路图，将结果记录到表 6-33 中。
（3）将 555 定时器连接到 5V 电源的负极和正极。
（4）按照电路图连线。

(5) 通电，用示波器观察 OUT 的波形，将波形记录到表 6-33 中。

表 6-33　多谐振荡器功能测试表

555 定时器外引脚排列图：	多谐振荡器电路图：
OUT 的波形图：	

操作题目 2：施密特触发器功能测试

操作方法：

（1）画出用 555 定时器构成施密特触发器电路图，将结果记录到表 6-34 中。

（2）将 555 定时器连接到 5V 电源的负极和正极。

（3）按照电路图连线，将实验台的三角波信号从输入端 u_i 输入。

（4）通电，用双踪示波器观察 u_i 和 OUT 波形，将波形记录到表 6-34 中。

表 6-34　施密特触发器功能测试表

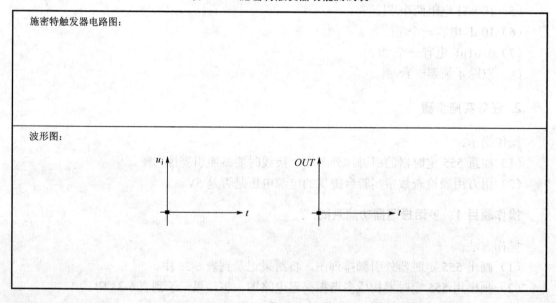

任务考核与评价（表6-35）

表6-35 555定时器功能测试考核

任 务 内 容	配 分	评 分 标 准		自 评	互 评	教 师 评
用555定时器构成多谐振荡器	60	①电源连接	10分			
		②外引脚排列图的绘制	10分			
		③电路图的绘制	10分			
		④线路的连接	10分			
		⑤操作演示	10分			
		⑥波形图的绘制	10分			
用555定时器构成施密特触发器	40	①电路图的绘制	10分			
		②线路的连接	10分			
		③操作演示	10分			
		④波形图的绘制	10分			
定额时间	90min	每超过5min	扣10分			
开始时间		结束时间		总评分		

项目七　电子技术综合技能训练

教	知识重点	①电路的原理分析； ②电路的装配过程； ③电路的调试方法。
	知识难点	①分析各个电路的原理； ②电路的装配； ③电路的调试。
	推荐教学方式	①项目教学； ②分步骤进行讲解，演示教学； ③边讲解边指导学生动手练习； ④出现问题集中讲解； ⑤多给学生以鼓励。
	建议学时	52学时
学	推荐学习方法	①理论和实践相结合，注重实践； ②课前预习相关知识； ③课上认真听老师讲解，记住操作过程； ④出现问题，查看相关知识，争取自己解决，自己解决不了再向同学或老师寻求帮助； ⑤课后及时完成报告。
	必须掌握的理论知识	①电路的功能； ②电路的原理分析。
	必须掌握的技能	①装配电路的能力； ②调试电路的能力。

项目七 电子技术综合技能训练

任务1 收音机的装配与调试

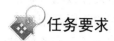任务要求

通过对一台超外差式调幅收音机的安装与调试,要求学生在了解收音机基本工作原理的基础上学会安装、调试和使用收音机,并学会排除一些常见故障,培养学生的实践技能。

1. 知识目标

(1)掌握超外差式收音机的组成框图。
(2)会分析超外差式收音机的电路图。
(3)对照收音机原理图能看懂印制电路板图和接线图。

2. 技能目标

(1)会测试各元器件的主要参数。
(2)认识电路图上的各种元器件的符号,并与实物相对照。
(3)按照工艺要求装配收音机。
(4)按照技术指标调试收音机。

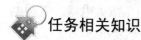任务相关知识

收音机就是把从天线接收到的高频信号还原成音频信号,送到耳机变成声波的电子设备。

1. 超外差式调幅收音机原理

超外差式调幅收音机能把接收到的频率不同的电台信号都变成固定的中频信号(465kHz),再由放大器对这个固定的中频信号进行放大。

典型的超外差式调幅收音机方框图如图7-1所示,它由天线输入回路、本振、混频、中频放大、检波、低频放大、功率放大七大部分组成。

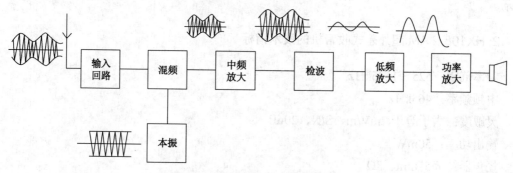

图7-1 超外差调幅收音机方框图

(1) 输入回路

由于广播事业的发展，天空中有了很多不同频率的无线电波。如果把这许多电波全都接收下来，音频信号就会像处于闹市之中一样，许多声音混杂在一起，结果什么也听不清了。为了设法选择所需要的节目，在接收天线后，有一个选择性电路，它的作用是把所需的信号（电台）挑选出来，并把不要的信号"滤掉"，以免产生干扰，这就是输入回路的作用。输入电路是收音机的大门，它的灵敏度和选择性对整机的灵敏度和选择性都有重要的影响。

(2) 本振电路

本振又叫作本机振荡器，作用是产生振荡信号送到混频电路。振荡信号的频率要比输入信号的频率大465kHz。

(3) 混频电路

它的作用是将输入回路选出的信号与本振电路产生的振荡信号进行混频，结果得到一个固定频率（465kHz）的中频信号。本振电路和混频电路统称为变频电路。

(4) 中频放大电路

它的作用是将混频电路送来的中频信号进行放大，一般采用变压器耦合的多级放大器。

(5) 检波电路

它的作用是从中频调幅信号中取出音频信号，常利用二极管来实现。

(6) 低频放大电路

用来对音频信号进行电压放大，一般收音机中有一至两级低频电压放大电路。低频电压放大级应有足够的增益和频带宽度，同时要求其非线性失真和噪声都要小。

(7) 功率放大电路

用来对音频信号进行功率放大，用以推动扬声器还原声音，要求它的输出功率大，频率响应宽，效率高，而且非线性失真小。收音机一般采用甲乙类推挽功率放大器，按照放大器与负载的耦合方式不同，具体来说有变压器耦合、电容耦合（OTL）、直接耦合（OCL）等几种形式的功率放大器。

HX108-2 AM 超外差式收音机是七管收音机，采用全硅管线路，具有机内磁性天线，收音效果良好，并设有外接耳机插口。HX108-2 AM 超外差式调幅收音机原理图如图7-2所示。

2. HX108-2 AM 超外差式收音机的技术指标

频率范围：525～1605kHz

中频频率：465kHz

灵敏度：大于等于2mV/m、S/N、20dB

输出功率：50mW

扬声器：ϕ57mm、8Ω

电源：3V（两节五号电池）

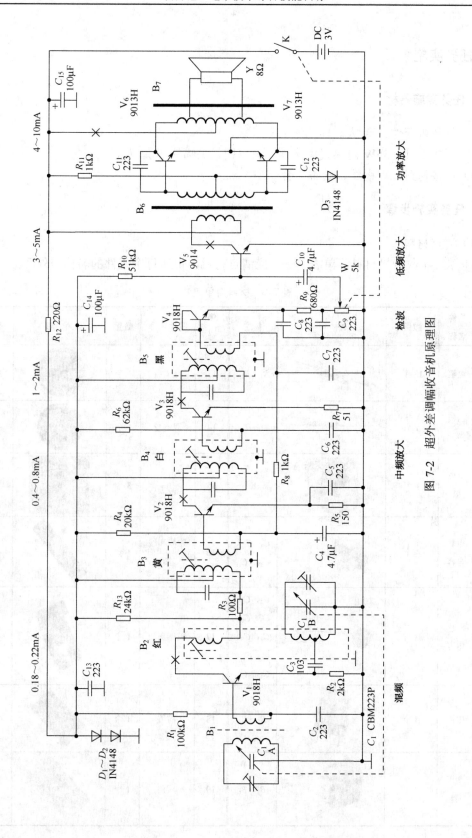

图 7-2 超外差调幅收音机原理图

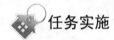任务实施

1. 任务实施器材

(1) 收音机套件一套/人。

(2) 焊接工具：35W 内热式电烙铁、斜口钳、尖嘴钳一套/人。

(3) 焊接材料：焊锡丝、松香一套/人。

2. 任务实施步骤

(1) 清点材料

请按表 7-1 收音机材料清单表一一对应清点材料，记清每个元件的名称与外形。

表 7-1 材料清单表

序号	器件名称	数量	外 形	备注	序号	器件名称	数量	外 形	备注
1	电阻	13个		$R_1 \sim R_{13}$	13	电位盘	1个		
2	二极管	3个		$D_1 \sim D_3$	14	调谐盘	1个		
3	电位器	1个		K	15	正极片、负极弹簧	3个		
4	电解电容	4个		C_4、C_{10}、C_{14}、C_{15}	16	磁棒和线圈	1套		
5	圆片电容	10个		C_2、C_3、C_5、C_6、C_7、C_8、C_9、C_{11}、C_{12}、C_{13}	17	磁棒支架	1个		
6	中周	4个		$B_2 \sim B_5$	18	前盖	1个		
7	变压器	2个		B_1、B_6	19	后盖	1个		

续表

序号	器件名称	数量	外　形	备注	序号	器件名称	数量	外　形	备注
8	双联CBM 223P	1个			20	螺钉	5个		
9	三极管	7个		$V_1 \sim V_7$	21	喇叭	1个		
10	连接线	4根			22	拎带	1个		
11	线路板	1块			23	图纸	1张		
12	周率板	1个							

操作提示：

① 打开时请小心，不要将塑料袋撕破，以免材料丢失。

② 清点材料时请将机壳后盖当容器，将所有的东西都放在里面。

③ 清点完后请将材料放回塑料袋备用。

④ 暂时不用的请放在塑料袋里。

⑤ 弹簧和螺钉要小心存放，避免掉落。

（2）焊接前的准备工作

操作题目1：元件读数测量

操作要求1：观察色环电阻，读出其阻值，将结果填入表7-2中。

表7-2　电阻记录表

名　称	一环颜色	二环颜色	三环颜色	四环颜色	阻　值	误　差　值
R_1						
R_2						
R_3						
R_4						
R_5						
R_6						

续表

名 称	一环颜色	二环颜色	三环颜色	四环颜色	阻 值	误 差 值
R_7						
R_8						
R_9						
R_{10}						
R_{11}						
R_{12}						
R_{13}						

操作要求2：观察圆片电容，读出其容值，将结果填入表7-3中。

表7-3 元片电容记录表

名 称	标 志	容 值	名 称	标 志	容 值
C_1			C_2		
C_3			C_4		
C_5			C_6		
C_7			C_8		
C_9			C_{10}		

操作要求3：观察电解电容，读出其容值和耐压值，判断正负极，并按照图7-3电解电容引脚指示图，将结果填入表7-4中。

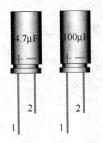

图7-3 电解电容引脚指示图

图7-4 三极管引脚指示图

表7-4 电解电容记录表

名 称	容 值	耐 压 值	1脚极性	2脚极性
C_1				
C_2				
C_3				
C_4				

操作要求4：观察三极管，读出其型号，判断基极B、集电极C和发射极E，并按照图7-4三极管引脚指示图，将结果填入表7-5中。

表 7-5 三极管记录表

名 称	型 号	名 称	1脚极性	2脚极性	3脚极性
V_1					
V_2					
V_3					
V_4					
V_5					
V_6					
V_7					

操作题目 2：元件准备

操作要求：将所有元器件引脚的漆膜、氧化膜清除干净，然后进行搪锡（如果元器件引脚未氧化则省去此项），然后将元件脚弯制成形。

操作提示：

HX108-2 AM 超外差式收音机的所有电阻均采用立式插法。

（3）收音机的装配

操作提示：

① 注意焊接的时候不仅要位置正确，还要焊接可靠，形状美观。

② 每次焊接完一部分元件，均应检查一遍焊接质量及是否有错焊、漏焊，发现问题及时纠正。

操作题目 1：插件焊接

操作要求：按照图 7-5 超外差调幅收音机装配图正确插装元件。

装配原则：安装时先装低矮和耐热的元件（如电阻、瓷片电容），然后再装大一点的元件（如中周、变压器），最后再装怕热的元件（如三极管）。

① 安装电阻。将电阻的阻值选择好后，根据电路板上对应的两安装孔的距离弯曲电阻脚，采用如图 7-6 所示的立式插法进行安装，一端可紧靠电路板，也可留 1~2mm，保证高度基本统一。参照图 7-5，将各电阻插装到电路板对应位置。为了防止电阻掉落，在电路板的焊接面将引脚扳弯，使引脚与电路板成 45~60 度夹角。可以全部电阻插完后进行焊接，也可以插完一部分电阻后再进行焊接。焊接完后，用斜口钳将多余的引

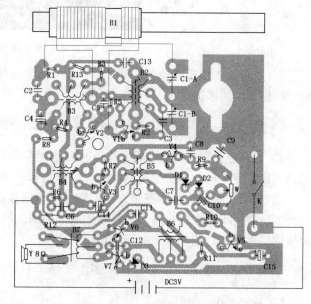

图 7-5 超外差调幅收音机装配图

脚剪掉。

②安装瓷片电容。采用立式安装。参照图 7-5，将各瓷片电容插装到电路板对应位置，电容体到电路板的高度控制在 4～6mm，保证高度基本统一。为了防止电容掉落，在电路板的焊接面将引脚扳弯，使引脚与电路板成 45～60 度夹角。全部电容插完后进行焊接，焊接完后，用斜口钳将多余的引脚剪掉。

③安装二极管和电解电容。参照图 7-5，将各二极管和电解电容的引脚插入电路板相应位置，应紧贴线路板立式安装。全部插完后进行焊接，焊接完后，用斜口钳将多余的引脚剪掉。

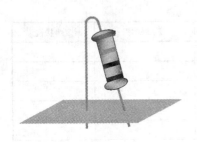

图 7-6　电阻立式插法图

注意：二极管和电解电容的正负极不要插反。

④安装中周。参照图 7-7 变压器安装示意图，将中周插到电路板相应位置，且包括屏蔽外壳上的引脚都应插入相应的孔内，并要求插至使其紧贴电路板，装配不歪斜。焊接前要核对各中周是否插装正确。T_2、T_4 的引脚在调谐盘的下方，应在焊接前将引脚（包括 T_2 外壳上的引脚）用斜口钳剪去一部分，使引脚高出电路板 1mm 左右。又因中周外壳除具有屏蔽作用外，还起到导线的作用，所以中周外壳引脚必须焊接。

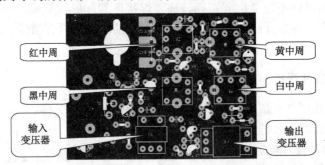

图 7-7　变压器安装示意图

⑤安装输入输出变压器。参照图 7-7 变压器安装示意图，将输入输出变压器插到电路板相应位置，要求插至使其紧贴电路板，装配不歪斜。

注意：输入（蓝、绿色）、输出（红、黄色）变压器不能调换位置。

⑥安装电位器。将电位器插装在电路板对应位置，使其与电路板平行，并且各引脚均插到预定位置，电位器上靠近双联的一个引脚和一个开关脚也应在焊接前用斜口钳剪切。

⑦安装三极管。将各三极管的引脚插入电路板相应位置，三极管的高度要适中，不要装得太低，也不能太高，焊接后高度稍低于中周的高度就可。全部三极管插完后进行焊接，焊接完后，用斜口钳将多余的引脚剪掉。

注意：三极管 S9013 和 C9018 不要装错。

【工程经验】
三极管的极性很容易装错，插装完后一定要反复检查，确定正确后再进行焊接。

项目七 电子技术综合技能训练

⑧ 安装双联及磁棒支架。将双联及磁棒支架一起安装到电路板上，用双联将磁棒支架压住，再用两个螺钉将双联固定牢固，用斜口钳将高出焊接面的三个引脚剪掉，只留 1mm，进行焊接。

⑨ 安装磁棒线圈。将线圈的四根引线头直接用电烙铁配合松香焊锡丝来回摩擦几次即可自动镀上锡。将线圈套在磁棒上后插入磁棒支架。参照图 7-5 超外差调幅收音机装配图，将四个引线头分别对应搭焊在线路板的四个焊盘上。整理引线，不要凌乱，固定磁棒与磁棒支架。

操作题目 2：前框准备

① 如图 7-8 所示，将负极弹簧和正极片安装于前内框相应的安装模槽内。

注意：正负极片的搭配关系，应保证电池安装时正负极的正确对接。

② 焊接好正负极的连接点及黑色和红色导线。

注意：正负极片的焊点边缘与极片的边缘间距须大于 1mm，以免插入外壳时卡住。

③ 去掉周率板反面双面胶保护纸，然后贴于前框，并撕去周率板正面保护膜。

注意：周率板要一次贴装到位，并且保证方向正确。

④ 如图 7-9 所示，用一字小螺丝刀撬一个塑料柱子，向下压喇叭，将喇叭安装于前框，将两根导线连接于喇叭。

图 7-8 电源正负极安装示意图

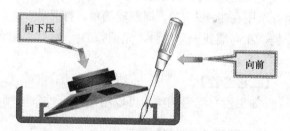

图 7-9 喇叭安装示意图

⑤ 将拎带套在前框内。

⑥ 将调谐盘安装在双联轴上，用螺钉固定。

注意：调谐盘指示标记的方向。

⑦ 如图 7-10 所示，将连接正负极片的导线另一端连于电路板，连接喇叭的导线另一端连于电路板。

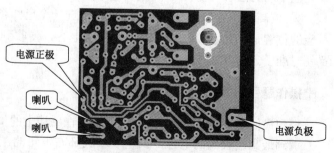

图 7-10 超外差调幅收音机导线连接示意图

操作题目 3：开口检查

① 按照图 7-11 用万用表进行整机工作点、工作电流测量。

② 测试工作电流在正常范围内后，将五个测试点闭合。

③ 将组装完毕的机芯按照图 7-12 所示装入前框。

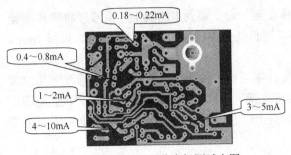

图 7-11 超外差调幅收音机测试点图

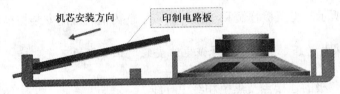

图 7-12 机芯安装示意图

注意：机芯的安装一定要到位。

图 7-13 为装配好的收音机实物图。

（4）收音机的调试

操作题目 1：调整中频频率

中周在出厂时已经调整在 465kHz（一般调整范围在半圈左右），调整较简单。打开收

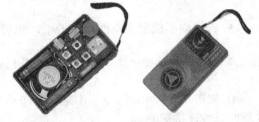

图 7-13 装配好的收音机实物图

音机，在高端找一个电台，先调整 B_5，然后再用无感螺丝刀向前顺序调整 B_4、B_3，调到声音响亮为止。

【工程经验】

如果没有无感螺丝刀可以用塑料、竹条等制品代替。

操作题目 2：调整频率范围

① 调低端。中央人民广播电台频率为 640kHz，使调谐盘指针指在 640kHz 的位置，调整红色中周的磁芯，便收到中央人民广播电台了，调到声音最大，低端位置就对准了。

② 调高端。在 1400~1600kHz 范围内选一个已知频率的广播电台，使调谐盘指针指在对应的位置，调整双联顶部左上角的微调电容，便收到该电台了，调到声音最大，高端位置就对准了。

操作题目 3：统调

调到最低端收到的电台，调整天线线圈在磁棒上的位置，使声音最响，低端就统调好了。调到最高端收到的电台，调整双联底部右下角的微调电容，使声音最响，高端就统调好了。

任务考核与评价（表 7-6）

表 7-6 收音机的装配与调试的考核

任务内容	配 分	评 分 标 准		自 评	互 评	教师评
准备工作	20	①核对器件总数	5 分			
		②元器件读数测量	10 分			
		③质量鉴定	5 分			
收音机的装配	60	①电阻安装	6 分			
		②瓷片电容安装	6 分			
		③电解电容安装	6 分			
		④中周安装	6 分			
		⑤输入输出变压器安装	6 分			
		⑥电位器安装	6 分			
		⑦三极管安装	6 分			
		⑧双联及磁棒支架安装	6 分			
		⑨磁棒线圈安装	6 分			
		⑩前框准备	6 分			
收音机的调试	10	①中频频率调整	4 分			
		②频率范围调整	3 分			
		③统调	3 分			
安全、文明操作	10	违反一次	扣 5 分			
定额时间	12 学时	每超过 1 学时	扣 10 分			
开始时间		结束时间		总评分		

任务 2　万用表的装配与调试

 **任务要求**

通过对一台 MF-47 型指针式万用表的安装与调试，要求学生在了解万用表基本工作原理的基础上学会安装、调试和使用万用表，了解指针式万用表的机械结构，并学会排除一些常见故障，培养学生的实践技能。

1. 知识目标

（1）掌握指针式万用表的组成框图。
（2）会分析指针式万用表的电路图。
（3）对照万用表原理图能看懂印制电路板图和接线图。

（4）了解指针式万用表的机械结构。

2. 技能目标

（1）会测试各元器件的主要参数。
（2）认识电路图上的各种元器件的符号，并能与实物相对照。
（3）按照工艺要求装配万用表。
（4）按照技术指标调试万用表。
（5）加深对万用表工作原理的理解，提高万用表的使用水平。

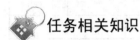任务相关知识

万用表是在电子工程领域中用途最广泛的测量仪表之一，分为指针式和数字式两种。指针式万用表是一种多功能、多量程的便携式电工仪表，可以测量直流电流、交流电压、直流电压和电阻等电量，有些万用表还可测量电容、晶体管共射极直流放大系数 h_{FE} 等参数。

MF-47 型万用表具有 26 个基本量程，还有测量电平、电容、电感、晶体管直流参数等 7 个附加参考量程，是一种量限多、分挡细、灵敏度高、体形轻巧、性能稳定、过载保护可靠、读数清晰、使用方便的通用型万用表。

1. 指针式万用表的组成

指针式万用表主要由指示表头、功能转换器、功能转换开关和刻度盘四个部分组成，图 7-14 是指针式万用表的组成框图。

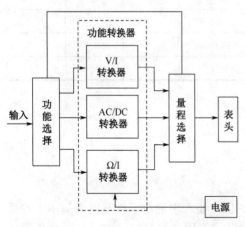

图 7-14　指针式万用表组成框图

（1）指示表头

指示表头充当测量机构，它是指针式万用表的关键部分，作用是指示被测电量的数值。指示表头采用灵敏度和准确度高的磁电系测量机构，它实际上是一个高灵敏度的磁电式直流电流表，它的性能决定了指针式万用表的性能指标。

（2）功能转换器

功能转换器即测量电路，它把被测量转换成适合于表头指示的直流电流信号，它实质上就是由多量程的直流电流表、直流电压表、整流式交流电压表及欧姆表等多种电路组合而成的。

（3）功能转换开关

万用表对各种电量进行测量时，是通过切换测量电路来完成的，功能转换开关就是完成这种切换的装置。

（4）刻度盘

刻度盘用来指示各种被测量电量的数值，上面印有多条刻度线，分别用来指示电阻阻值、直流电流值、直流电压值、交流电压值、晶体管的 h_{FE} 值等测量值，并附有各种符号加以说明。

2. MF-47型万用表的性能指标

MF-47型万用表造型大方，设计紧凑，结构牢固，携带方便。

（1）测量机构采用高灵敏度表头，硅二极管保护，保证过载时不损坏表头，线路设有0.5A熔断器以防止挡位误用时烧坏电路。

（2）在电路设计上考虑了湿度和频率补偿。

（3）在低电阻挡选用2号干电池供电，电池容量大、寿命长。

（4）配合高压表笔和插孔，可测量2.5kV以下高压。

（5）配有晶体管静态直流放大系数检测挡位。

（6）表盘标度尺、刻度线与挡位开关旋钮指示盘均为红、绿、黑三色，分别按交流是红色、晶体管是绿色、其余是黑色对应制成，共有七条专用刻度线，刻度分开，便于读数；配有反光铝膜，可以消除视差，提高读数精度。

（7）测量交、直流2500V电压挡和测量直流5A电流挡分别有单独插孔。

（8）外壳上装有提把，不仅便于携带，而且可在必要时作为倾斜支撑，便于读数。

（9）测量电参数分挡：

测量直流电流：5A、500mA、50mA、5mA、500μA和50μA共6挡。

测量直流电压：0.25V、1V、2.5V、10V、50V、250V、500V、1kV和2.5kV共9挡。

测量交流电压：10V、50V、250V、500V、1kV和2.5kV共6挡。

测量电阻：×1Ω、×10Ω、×100Ω、×1kΩ和×10kΩ共5挡。

3. MF-47型万用表的工作原理

（1）基本工作原理

MF-47型指针式万用表的最基本的工作原理如图7-15所示。电路由表头、电阻测量挡、电流测量挡、直流电压测量挡和交流电压测量挡几个部分组成，图中标有"－"的端点是黑表棒的插孔，标有"＋"的端点是红表棒的插孔。

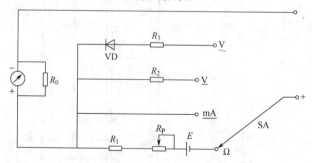

图7-15 指针式万用表基本工作原理图

（2）MF-47型指针式万用表的电路图

图7-16是MF-47型指针式万用表的电路图，其显示表头是一个直流微安表，WH2是一个可调电位器，用于调节表头回路中电流的大小，D_3、D_4两个二极管反向并联后再与电容C_1并联，用于限制表头两端的电压，起保护表头的作用，使表头不会因电流过大而烧坏。

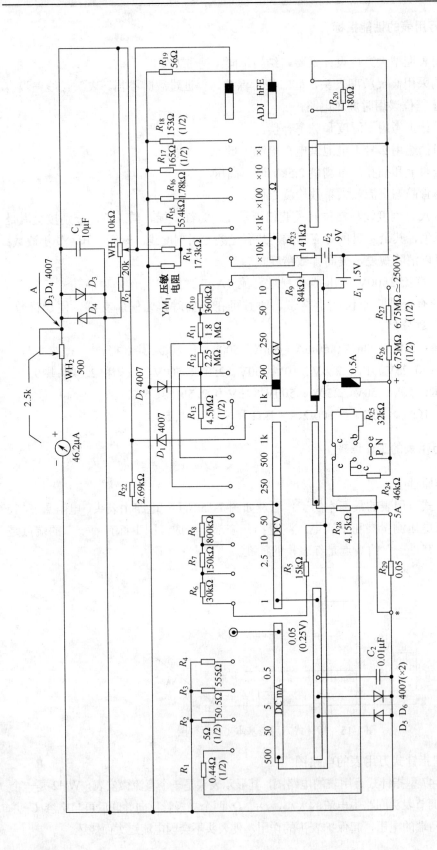

图 7-16 指针式万用表电路图

（3）直流电流测量电路

直流电流测量电路如图 7-17 所示，它是一个多量程的直流电流表，它采用在表头支路并联分流电阻的方法扩大量程，通过各挡倍率电阻的分流，把被测电流变成表头能测量的电流。电路中 $R_1 \sim R_4$、R_{29} 是分流电阻，与表头组成阶梯分流器，通过转换开关切换不同的分流电阻，形成不同的分流，从而获得不同的量程。分流电阻越小量程越大，反之量程越小。为了补偿表头内阻的分散性，电路中增加了电位器 WH_2，调节 WH_2 的值，可校正基本量程 50μA 挡。二极管 VD_1 和 VD_2 起到保护表头的作用，电容 C_2 的作用为高频滤波。

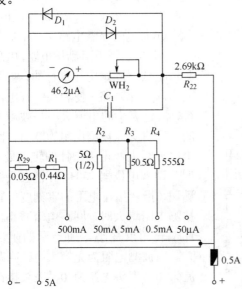

图 7-17 直流电流测量电路

（4）直流电压测量电路

直流电压测量电路如图 7-18 所示，它是通过分压电阻将电压转换成电流，然后由表头指示出来的电路。它实际上是在直流电流测量电路的基础上增加电阻，构成的多量程直流电压表。由图 7-18 可知，0.25V 挡是 50μA 挡直流电流挡，可以看成是一个内阻较小的电压表，在此基础上与 $R_5 \sim R_8$、$R_9 \sim R_{13}$ 分压电阻相串联，扩大测量电压的量程。串联电阻越大量程越大，反之量程越小。R_{26}、R_{27} 是 2500V 挡分压电阻。

（5）交流电压测量电路

图 7-19 是交流电压测量电路。磁电系仪表只能测量直流电压或电流，要用它测交流电压就需要一个交直流转换装置。整流器是万用表中常用的交直流转换装置，常常用半波整流。图 7-19 中 D_4 是半波整流器件。

当被测电压的正半周时，D_3 截止，D_4 导通，

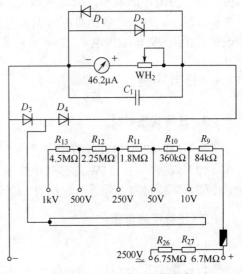

图 7-19 交流电压测量电路

交流电流经分压电阻及整流二极管 D_4 流经等效表头，表针偏转；当被测电压的负半周时，D_3 导通，交流电流直接从二极管 D_3 流入分压电阻，而不经过表头。这样在表头中流过的是经 D_4 半波整流后的脉动电流。表头指针的偏转角度只与整流电压在一个周期内的平均值成正比，属均值型电压表。而正弦交流电流的有效值和平均值是一个简单的正比关系，即表头的偏转角和电流的平均值成正比，电流平均值又与电流有效值成正比，所以万用表测量交流电压直接指示的值是交流有效值。

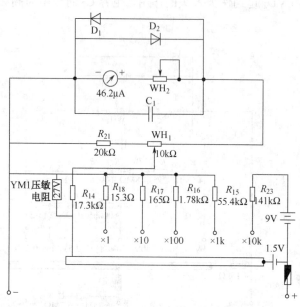

图 7-20 电阻测量电路

交流电压测量电路量程的改变也是通过改变串联分压电阻实现的。电路中 R_9~R_{13}、R_{26}、R_{27} 是分压电阻。

（6）电阻测量电路

图 7-20 是电阻测量电路，电阻的测量是依据欧姆定律进行的，被测电阻串入电流回路，使表头中有电流流过，流过表头的电流大小与被测电阻的大小有关。被测电阻为 0 时，回路中电流最大，表头指针偏转也最大，调节调零电位器 WH_1 可使表头指针满偏（指针指在电阻的零刻度位置）。被测电阻增大时，回路电流减小，指针偏转角度变小，所指示的阻值增大。当被测电阻为无穷大时，回路电流为 0，表头电流为 0，表头指针无偏转，该点为电阻挡无穷大刻度。所以，电阻挡表盘的刻度是反向的，又由于被测电阻与流过表头的电流不成正比，表盘刻度线的分度是不均匀的。

测量电阻时，量程的改变是通过在表头两端并联分流电阻实现的，R_{15}~R_{18}、R_{23} 是分流电阻。分流电阻越小，分流就越大，流过表头的电流就越小，指针偏转的角度就越小，量程就越小。×10k 量程对应的表头内阻太大，1.5V 的电源不能使表头产生全偏转，所以该量程采用 9V 电池供电。

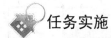任务实施

1. 任务实施器材

（1）MF-47 型指针式万用表套件一套/人。

（2）焊接工具：35W 内热式电烙铁、斜口钳、尖嘴钳一套/人。

（3）焊接材料：焊锡丝、松香一套/人。

2. 任务实施步骤

（1）清点材料

请按表 7-7 一一对应清点材料，记清每个元件的名称与外形。

表 7-7 材料清单表

序号	器件名称	数量	外 形	备注	序号	器件名称	数量	外 形	备注
1	电阻	28个		$R_1 \sim R_{28}$	13	线路板	1块		
2	分流器	1个		R_{29}	14	面板+表头	1个		
3	压敏电阻	1个		YM_1	15	电位器旋钮	1个		
4	电位器	2个		WH_1、WH_2	16	晶体管插座	1个		
5	二极管	6个		$D_1 \sim D_6$	17	后盖	1个		
6	电解电容			C_1	18	V型电刷	1个		
7	瓷片电容	1个		C_2	19	晶体管插片	6个		
8	蜂鸣器	1个			20	输入插管	4只		
9	熔断器	1个			21	螺钉	2个		

续表

序号	器件名称	数量	外 形	备注	序号	器件名称	数量	外 形	备注
10	熔丝夹	2个			22	电池极片	4个		
11	连接线	5根			23	图纸	1张		
12	表棒	1副							

操作提示：

① 表盖比较紧，打开时请小心，以免材料丢失。

② 清点材料时可以将表壳后盖当容器，将所有的东西都放在里面。

③ 清点完后请将材料放回塑料袋备用。

④ 暂时不用的材料请放在塑料袋里。

⑤ 螺丝要防止掉落。

⑥ 电刷是极易损坏的器件，切忌挤压。

（2）焊接前的准备工作

操作题目 1：元件读数测量

操作要求 1：观察色环电阻，读出其阻值，将结果填入表 7-8 中。

表 7-8 电阻记录表

名 称	一环颜色	二环颜色	三环颜色	四环颜色	阻 值	误 差 值
R_1						
R_2						
R_3						
R_4						
R_5						
R_6						
R_7						
R_8						
R_9						
R_{10}						
R_{11}						
R_{12}						
R_{13}						

续表

名　　称	一环颜色	二环颜色	三环颜色	四环颜色	阻　值	误差值
R_{14}						
R_{15}						
R_{16}						
R_{17}						
R_{18}						
R_{19}						
R_{20}						
R_{21}						
R_{22}						
R_{23}						
R_{24}						
R_{25}						
R_{26}						
R_{27}						
R_{28}						

操作要求 2：观察瓷片电容，读出其容值，将结果填入表 7-9 中。

表 7-9　涤纶电容记录表

名　　称	标　　志	容　　值	误　差　值
C_2			

操作要求 3：观察电解电容，读出其容值和耐压值，判断正负极，并按照图 7-21，将结果填入表 7-10 中。

图 7-21　电解电容引脚指示图

表 7-10　电解电容记录表

名　　称	容　　值	耐　压　值	1 脚极性	2 脚极性
C_1				

操作题目 2：元件准备

操作要求：将所有元器件引脚的漆膜、氧化膜清除干净，然后进行搪锡（如果元器件引脚未氧化则省去此项），然后将元件脚弯制成形。

（3）万用表的装配

操作题目 1：插件焊接

操作提示：

① 注意焊接的时候不仅要位置正确，还要焊接可靠，形状美观。

② 注意二极管的极性，不要装反。
③ 注意电解电容的极性，不要装反。
④ 元件的引脚要尽可能短。
⑤ 焊点的焊料要均匀、饱满，表面无杂质、光滑。
⑥ 每次焊接完一部分元件，均应检查一遍焊接质量及是否有错焊、漏焊，发现问题及时纠正。

操作要求：

图 7-22 是万用表正面装配图，图 7-23 是万用表反面装配图。按照装配图正确插装元件。

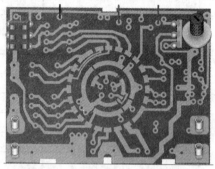
图 7-22 万用表正面装配图

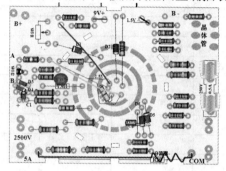
图 7-23 万用表反面装配图

装配原则：先焊电阻、二极管等平放元件，后焊插管、电容等高的竖放元件。

注意：晶体管插座、电位器 WH_1 及四个输入插孔都应焊在线路板铜箔面。

① 安装电阻。将电阻的阻值选择好后，根据电路板上对应的两安装孔的距离弯曲引脚，电阻可紧靠电路板，也可留 1～2mm，保证高度基本统一。为了防止电阻掉落，在电路板的焊接面将引脚扳弯，使引脚与电路板成 45～60 度夹角。可以全部电阻插完后进行焊接，也可以插完一部分电阻后再进行焊接。焊接完后，用斜口钳将多余的引脚剪掉。

② 安装二极管。

注意：二极管的正负极不要接反。

③ 安装分流器。

注意：焊接位置，超过线路板平面最多不超过 2mm，最低以刚好能焊接牢固正好。

④ 安装涤纶电容、压敏电阻。

注意：涤纶电容和压敏电阻不要接错。

⑤ 安装电解电容。

注意：电解电容的正负极不要插反。

⑥ 安装输入插管。按照图 7-24 输入插管安装图所示，将输入插管从反面插入，要插到底，与电路板垂直，并用尖嘴钳稍将两脚夹紧；按照图 7-25 输入插管焊接图所示，将输入插管的四周全部焊接上，在焊接的过程中要时刻保持输入插管与电路板垂直。

项目七 电子技术综合技能训练

图 7-24 输入插管安装图　　图 7-25 输入插管焊接图

⑦ 安装晶体管座焊片。

注意：焊片要插到底，不能松动，把下部要焊接的部分折平；焊片头部应完全进入管座孔内，不要超出管座的侧面；晶体管座也安装在电路板的反面。

⑧ 安装电位器。

注意：电位器要垂直安装到线路板的反面。

⑨ 安装正负极片。正负极片先不要插到底；烙铁沾松香点在极片上，再点上焊锡；烙铁沾松香，给导线搪锡；焊接的时候注意线皮与焊点间的距离越小越好；先加热已在极片上的锡，看它熔化发亮后，将已搪锡的导线插入熔化的锡中，锡应包住导线，迅速移开烙铁，否则线皮会烧化；焊好后再将极片插到底。

⑩ 连接导线。

操作题目 2：整机安装

操作要求 1：安装电刷。

如图 7-26 电刷安装图所示，电刷在安装时，开口在左下角，四周要卡入凹槽内，用手轻轻按，看是否能活动并自动复位。

【工程经验】

电刷在安装的时候要十分小心，否则容易损坏。

如图 7-27 电路板图所示，白色的焊点在电刷中通过，安装前一定要检查焊点高度，不能超过 2mm，直径不能太大，否则会把电刷刮坏。

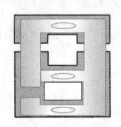 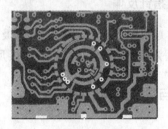

图 7-26 电刷安装图　　　　图 7-27 电路板图

操作要求 2：安装机芯。

注意：机芯的安装一定要到位。

图 7-28 是万用表实物图。

图 7-28 万用表实物图

(4) 万用表的调试

① 将装配完成的万用表仔细检查一遍，确保无错装的情况下，将万用表的旋转开关旋至最小电流挡 50μA 处，用数字万用表测量其"+"、"-"插孔两端的电阻值，电阻值应在 4.9～5.1kΩ 之间，如不符合要求，应仔细调整电位器 WH_2 的阻值，直至达到要求为止。

② 用数字表万用表测量各个物理量，然后用装好的万用表对同一个物理量进行测量，将测量结果进行比较。如有误差，则应该重新调整万用表上电位器 WH_2 的阻值，直至测量结果相同时为止。一般从电流挡开始逐挡检测，检测时应从最小量程开始，首先检测直流电流挡，然后是直流电压挡、交流电压挡、直流电阻挡及其他挡。各挡位的检测符合要求后，该表即可投入使用。

(5) 万用表常见故障的排除

现象 1：表头没有任何反应

可能的原因：
① 表头或表笔损坏。
② 接线错误。
③ 熔丝管没有装配或损坏。
④ 电池极板装错。
⑤ 电刷装错。

现象 2：电压指针反偏

可能的原因：这种情况一般是表头引线极性接反引起的。如果 DCA、DCV 正常，ACV 指针反偏，则原因为整流二极管 D_4 的极性接反。

 任务考核与评价（表 7-11）

表 7-11 万用表的装配与调试的考核

任务内容	配 分	评分标准		自 评	互 评	教师评
准备工作	20	①核对器件总数	5 分			
		②元器件读数测量	10 分			
		③质量鉴定	5 分			

续表

任务内容	配分	评分标准		自评	互评	教师评
万用表的装配	60	①电阻安装	6分			
		②二极管、分流器安装	6分			
		③涤纶电容、压敏电阻安装	6分			
		④电解电容、电位器安装	6分			
		⑤输入插管安装	9分			
		⑥晶体管座焊片安装	6分			
		⑦正负极片、导线安装	6分			
		⑧电刷安装	9分			
		⑨机芯安装	6分			
万用表的调试	10	①直流电流挡	2分			
		②直流电压挡	2分			
		③交流电压挡	2分			
		④直流电阻挡	2分			
		⑤晶体管测量电路	2分			
安全、文明操作	10	违反一次		扣5分		
定额时间	12学时	每超过1学时		扣10分		
开始时间		结束时间		总评分		

任务3 数字钟的装配与调试

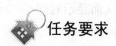任务要求

通过对一台数字钟的安装与调试，要求学生在了解数字钟基本工作原理的基础上学会安装、调试和使用数字钟，并学会排除一些常见故障，培养学生的实践技能。

1. 知识目标

（1）掌握数字钟的组成框图。
（2）掌握集成电路的应用。
（3）了解计数器、译码器和数码管的逻辑功能。
（4）会分析数字钟的电路图。
（5）对照数字钟原理图能设计接线图。

2. 技能目标

（1）会测试各元器件的主要参数。
（2）认识电路图上的各种元器件的符号，并与实物相对照。
（3）按照工艺要求装配数字钟。

（4）按照技术指标调试数字钟。

（5）加深对数字钟工作原理的理解，提高数字钟的使用水平。

任务相关知识

数字钟电路系统由秒脉冲发生器、计数器、译码器及显示器四部分组成，数字钟系统组成框图如图 7-29 所示。

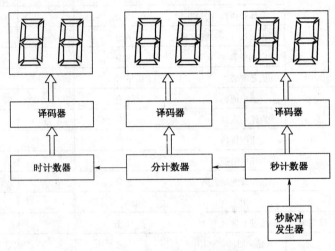

图 7-29　数字钟系统组成框图

秒脉冲发生器产生秒脉冲，有了秒脉冲信号，根据 60 秒为 1 分钟，60 分钟为 1 小时，24 小时为 1 天的原则，分别设计"秒"（六十进制）、"分"（六十进制）、"时"（二十四进制）计数器。计数器输出经译码驱动器送给 LED 数码管显示器，从而显示时间。

1. 秒脉冲发生器

秒脉冲发生器是数字钟的核心，其作用是产生一个频率为 1 秒的脉冲信号。秒脉冲发生器采用 555 定时器组成，其电路图如图 7-30 所示。波形图如图 7-3 所示。

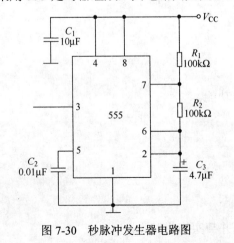

图 7-30　秒脉冲发生器电路图

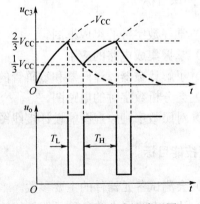

图 7-31　秒脉冲发生器波形图

接通电源后，由于电容上电压不能突变，V_{CC} 经 R_1、R_2 给电容 C_3 充电，使 u_{C3} 逐渐升高，在 $u_{C3} < \frac{1}{3}V_{CC}$ 时，u_o 输出高电平；当 u_{C3} 上升到大于 $\frac{1}{3}V_{CC}$ 时，电路仍保持输出高电平；当 u_{C3} 继续上升略超过 $\frac{2}{3}V_{CC}$ 时，输出变为低电平，放电管饱和导通。随后，电容 C_3 经 R_2 及放电管放电，u_{C3} 开始下降，当 u_{C3} 下降到略低于 $\frac{1}{3}V_{CC}$ 时，输出又变为高电平，同时放电管截止，电容 C_3 放电结束，又开始再次充电，u_{C3} 再次上升。如此循环下去，输出端就得到如图 7-31 所示的矩形脉冲。脉冲的频率计算为：

$$T \approx 0.7\,(R_1+2R_2)\,C = 0.7 \times (100 + 2 \times 100) \times 4.7 \times 10^{-3} \approx 1 \text{ 秒}。$$

2. 计数器

秒脉冲发生器产生秒脉冲信号，秒脉冲信号经过六个计数器，分别得到"秒"个位、十位，"分"个位、十位，"时"个位、十位的计时。分和秒计数器都是六十进制，时计数器为二十四进制。计数器部分采用 74LS160 来完成，表 7-12 是 74LS160 功能表。

表 7-12　74LS160 功能表

输入									输出				功能说明
CP	$\overline{RD}$	$\overline{LD}$	EP	ET	D_3	D_2	D_1	D_0	Q_3	Q_2	Q_1	Q_0	
×	0	×	×	×	×	×	×	×	0	0	0	0	异步清零
↑	1	0	×	×	D_3	D_2	D_1	D_0	D_3	D_2	D_1	D_0	并行置数
×	1	1	0	×	×	×	×	×	Q_3	Q_2	Q_1	Q_0	保持
×	1	1	×	0	×	×	×	×	Q_3	Q_2	Q_1	Q_0	保持
↑	1	1	1	1	×	×	×	×					计数

由表 7-12 可知，74LS160 具有如下功能：

异步清零：当清零控制端 $\overline{RD}=0$ 时，输出端清零，与 CP 无关。

同步预置数：在 $\overline{RD}=1$ 的前提下，当预置数端 $\overline{LD}=0$ 时，在输入端 $D_0D_1D_2D_3$ 预置某个数据，则在 CP 脉冲上升沿的作用下，就将 $D_0D_1D_2D_3$ 端的数据置入计数器。

保持：当 $\overline{RD}=1$、$\overline{LD}=1$ 时，只要使能端 EP 和 ET 中有一个为低电平，就使计数器处于保持状态。在保持状态下，CP 不起作用。

计数：当 $\overline{RD}=1$、$\overline{LD}=1$、$EP=ET=1$ 时，电路为十进制加法计数器。在脉冲的作用下，电路按自然二进制数递加，即由 0000→0001→…→1001。当计到 1001 时，进位输出端 C 送出进位信号（高电平有效），即 C=1。

（1）六十进制计数器

电路图如图 7-32 所示，其中 U_1、U_2 分别为六十进制计数器的十位和个位，采用异步清零复位法构成的六十进制计数器，ET=EP=1，置位端 $\overline{LD}=1$，将 U_1 输出端 Q_2 和 Q_1 通过与非门接至 74LS160 的异步清零复位端。电路取 $Q_7Q_6Q_5Q_4\,Q_3Q_2Q_1Q_0$=0000 0000，为起始状态，$U_2$ 计入 10 个 CP 脉冲后，通过 U_{3B} 向 U_1 输入 1 个脉冲。当计入 60 个脉冲后，电路状态为 $Q_7Q_6Q_5Q_4\,Q_3Q_2Q_1Q_0$=0110 0000，与非门 U_{3A} 的输出为 $\overline{Q_6Q_5}$=0，计数器 U_1、U_2 清零。

图 7-33 是计数状态图，图中虚线表示在 0110 0000 状态有短暂的过渡状态。

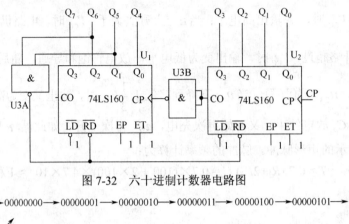

图 7-32 六十进制计数器电路图

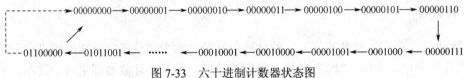

图 7-33 六十进制计数器状态图

（2）二十四进制计数器

图 7-34 是二十四进制计数器的电路图，其中 U_1、U_2 分别为二十四进制计数器的十位和个位，也是采用异步清零复位法构成的二十四进制计数器。图 7-35 是计数状态图，图中虚线表示在 00100100 状态有短暂的过渡状态。

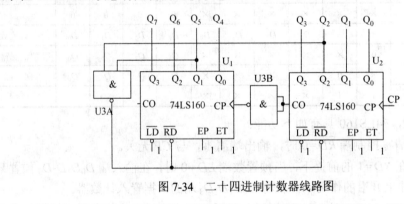

图 7-34 二十四进制计数器线路图

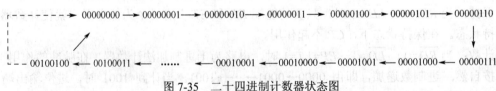

图 7-35 二十四进制计数器状态图

3. 译码显示电路

译码显示电路如图 7-36 所示。译码器选用 74LS48，它是 4 线 7 段译码器/驱动器，输入端 A_3、A_2、A_1、A_0 为 8421BCD 码输入，输出端 $a \sim g$ 是高电平有效，适用于驱动共阴极 LED 数码管。$R_1 \sim R_7$ 是外接的限流电阻。74LS48 的功能表如表 7-13 所示。

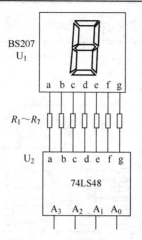

图 7-36 译码显示电路

表 7-13 74LS48 功能表

输入						输出							显示
$\overline{LT}$	$\overline{IBR}$	A_3	A_2	A_1	A_0	a	b	c	d	e	f	g	数字
1	1	0	0	0	0	1	1	1	1	1	1	0	0
1	×	0	0	0	1	0	1	1	0	0	0	0	1
1	×	0	0	1	0	1	1	0	1	1	0	1	2
1	×	0	0	1	1	1	1	1	1	0	0	1	3
1	×	0	1	0	0	0	1	1	0	0	1	1	4
1	×	0	1	0	1	1	0	1	1	0	1	1	5
1	×	0	1	1	0	0	0	1	1	1	1	1	6
1	×	0	1	1	1	1	1	1	0	0	0	0	7
1	×	1	0	0	0	1	1	1	1	1	1	1	8
1	×	1	0	0	1	1	1	1	0	0	1	1	9

4. 设计电路

图 7-37 是数字钟的总体设计电路图。

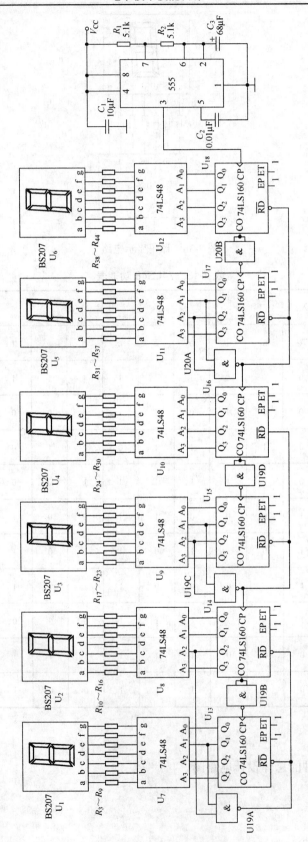

图 7-37 数字钟电路图

5. 集成芯片引脚图

（1）图 7-38 是 555 定时器引脚图

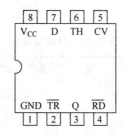

图 7-38　555 定时器引脚图

（2）图 7-39 是 74LS160 引脚图

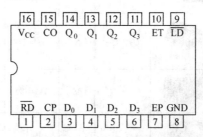

图 7-39　74LS160 引脚图

（3）图 7-40 是 74LS48 引脚图

（4）图 7-41 是数码管引脚图

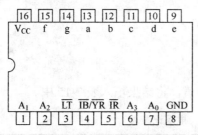 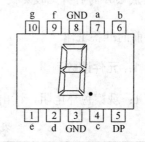

图 7-40　74LS48 引脚图　　图 7-41　数码管引脚图

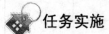 **任务实施**

1. 任务实施器材

（1）数字钟配件一套/人。
（2）万能板一块/人。
（3）导线若干/人。
（4）焊接工具：35W 内热式电烙铁、斜口钳、尖嘴钳一套/人。
（5）焊接材料：焊锡丝、松香一套/人。

2. 任务实施步骤

（1）清点材料

请按表 7-14 一一对应清点材料，记清每个元件的名称与外形。

表 7-14 材料清单表

序号	器件名称	数量	外 形	备注	序号	器件名称	数量	外 形	备注
1	电阻	44个		$R_1 \sim R_{44}$	6	集成芯片 555	1个		U_{21}
2	共阴极数码管	6个		$U_1 \sim U_6$	7	电容	3个		$C_1 \sim C_3$
3	集成芯片 74LS48	6个		$U_7 \sim U_{12}$	8	万能板	1块		
4	集成芯片 74LS160	6个		$U_{13} \sim U_{18}$	9	5V 电源	1个		
5	集成芯片 74LS00	2个		U_{19}、U_{20}	10	导线	若干		

注意：集成芯片的引脚比较尖锐，小心别扎到手。

（2）焊接前的准备工作

操作题目 1：元件读数测量

操作要求 1：观察色环电阻，读出其阻值，将结果填入表 7-15 中。

表 7-15 电阻记录表

名 称	一环颜色	二环颜色	三环颜色	四环颜色	阻 值	误 差 值
R_1						
R_2						
$R_3 \sim R_{44}$						

操作要求 2：观察电容，读出其容值，将结果填入表 7-16 中。

表 7-16 电容记录表

名 称	标 志	容 值	耐 压 值
C_1			
C_2			
C_3			

操作题目 2：元件准备

操作要求：将所有元器件引脚的漆膜、氧化膜清除干净，然后进行搪锡（如果元器件引脚未氧化则省去此项），然后将元件脚弯制成形。

操作题目 3：排版设计

操作要求：
① 熟悉本项目所使用的万能板，万能板采用多个焊盘连在一起的连孔板。
② 按照数字钟的电路图，先在纸上做好初步的布局，然后用铅笔画到万能板正面（元件面），继而可以将走线规划出来，方便焊接。

操作提示：
初学者可以采用上述方法进行布局准备，用久后可以采用"顺藤摸瓜"的方法，就是以芯片等关键器件为中心，其他元器件见缝插针的方法。这种方法是边焊接边规划，无序中体现有序，效率较高。

（3）数字钟的装配

操作提示：
① 注意焊接的时候不仅要位置正确，还要焊接可靠，形状美观。
② 注意电解电容的极性，不要装反。
③ 元件的引脚要尽可能短。
④ 焊点的焊料要均匀、饱满，表面无杂质、光滑。
⑤ 每次焊接完一部分元件，均应检查一遍焊接质量及是否有错焊、漏焊，发现问题及时纠正。

操作题目 1：插件焊接

操作要求：按照排版设计，插件焊接。
① 弄清楚万能板的结构原理，分清各插孔是否是等位点。万能板如图 7-42 所示。
② 合理安排集成块和元器件的位置，尽可能保持在同一条直线上。

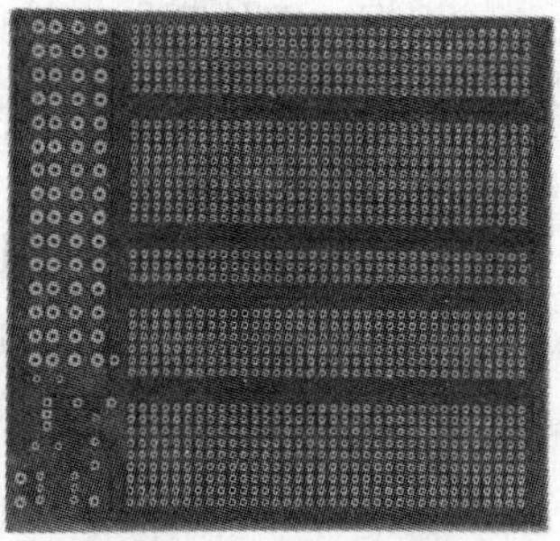

操作题目 2：剖削导线

图 7-42 万能板外形图

操作要求：
① 剖削导线绝缘层。
② 芯线长度必须适应连接需要，不应过长或过短。
③ 剖削导线不应损伤芯线。

操作提示：
① 为了美观，剖削导线时不用火烧，用剥线钳或电工刀剖削。
② 按照连接所需要的长度，用钳头刀口轻切绝缘层，用左手捏紧导线，右手适当用力，即可使端部的绝缘层脱离芯线，用电工刀时，刀口对导线成 45 度角切入塑料绝缘层。

操作题目 3：布置导线

操作要求：
① 布线要注意整齐不交叉。
② 集成块相邻管脚之间尽量不布线。
③ 相对的引脚之间布线不超过四根。

操作提示：
① 要求导线横要平、竖要直，尽量减少飞线的存在。这样便于调整与测试工作的顺利进行。
② 为了最大可能避免错误的出现，应按照元件的排列顺序依次布线，同一元件按管脚顺序依次布线。

【工程经验】
① 安装应接触良好，保证被安装元件间能稳定可靠地通过一定的电流。
② 应避免元器件损坏的发生。插拔元器件时候要垂直插拔以免造成不必要的机械损坏。
③ 安装时必须采用绝缘良好的绝缘导线，连线的时候要取好元件与元件的距离。连接的时候线与线之间的交叉尽量少。

（4）数字钟的调试

操作题目 1：调试前的检测

数字钟装配完毕，通常不宜急于通电，先要认真检查一下。

检查内容包括：

① 连线是否正确。检测的方法通常有两种：

A. 根据电路原理图，按照元件的排列顺序依次检查。这种方法的特点是，按一定顺序一一检查安装好的线路板，同一元件按管脚顺序依次检查。由此，可比较容易查出错线和少线。

B. 按照实际线路来对照原理图电路进行查线。这是一种以元件为中心进行查线的方法。把每个元件引脚的连线一次查清，检查每个去处在电路图是否存在，这种方法不但可以查出错线和少线，还容易查出多线。

为了防止出错，对于已查过的线通常应在电路图上做出标记，最好用指针式万用表"欧姆"挡，或用数字万用表的"二极管"挡的蜂鸣器来测量元器件引脚，这样可以同时发现接触不良的地方。

② 元器件的安装情况。检查元器件引脚之间有无短路；连接处有无接触不良；二极管的极性和集成元件的引脚是否连接有误。

③ 电源供电，连接是否正确。

④ 电源端对地是否有短路的现象。

注意：通电前，断开一根电源线，用万用表检查电源端对地是否存在短路。若电路经过上述检查，并确认无误后，就可以转入调试。

操作题目2：通电观察

把经过准确测量的电源接入电路。观察有无异常现象，包括有无冒烟，是否有异味，手摸器件是否发烫，电源是否有短路现象等。如果出现异常，应立即断电，待排除故障后才能再通电。然后测量各路总电源电压和各个器件的引脚的电源电压，以保证元器件正常工作。

操作题目3：故障的排除

电路板出现故障是常见的，大家都必须认真对待。查找故障时，首先要有耐心，还要细心，切忌马马虎虎，同时还要开动脑筋，认真进行分析、判断。

当电路工作时，首先应关掉电源，再检查电路是否有接错、掉线、断线，有没有接触不良、元器件损坏、元件差错、元器件引脚接错等。查找时可借助万用表进行。

任务考核与评价（表7-17）

表7-17　数字钟的装配与调试的考核

任务内容	配分	评分标准		自评	互评	教师评
准备工作	20	①核对器件总数	5分			
		②元器件读数测量	5分			
		③排版设计	10分			
数字钟的装配	60	①插件焊接	10分			
		②剖削导线	20分			
		③布置导线	30分			
数字钟的调试	10	①调试前的检测	2分			
		②通电观察	2分			
		③故障排除	6分			
安全、文明操作	10	违反一次	扣5分			
定额时间	16学时	每超过1学时	扣10分			
开始时间		结束时间		总评分		

任务4　正弦波信号发生器的装配与调试

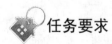任务要求

通过对一台正弦波信号发生器的安装与调试，要求学生在了解信号发生器基本工作原理的基础上，学会安装、调试电路，并学会排除一些常见故障，培养学生的实践技能。

1. 知识目标

（1）掌握集成电路的应用。

（2）会分析正弦波信号发生器的电路图。

（3）对照正弦波信号发生器原理图能看懂印制电路板图和接线图。

2. 技能目标

（1）会测试各元器件的主要参数。

（2）认识电路图上的各种元器件的符号，并与实物相对照。

（3）按照工艺要求装配信号发生器。

（4）按照技术指标调试信号发生器。

（5）加深对信号发生器工作原理的理解，提高信号发生器的使用水平。

任务相关知识

正弦波信号发生器是一种不需要外接输入信号，就能将直流电能转换成具有一定频率、一定幅度的正弦波交流能量输出的电路。正弦波信号发生器在测量、通信、无线电技术、自动控制和热加工等多领域中有着广泛的应用。

1. 正弦波信号发生器

本项目所设计的正弦波信号发生器是采用集成运算放大器构成的，电路原理图如图7-43所示。

由图7-43可见，正弦波信号发生器电路由两级构成。

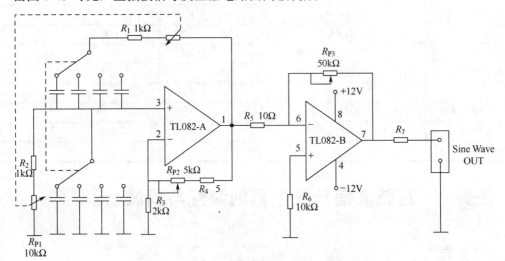

图7-43　正弦波信号发生器电路图

第一级是一个RC文氏桥振荡器，通过双刀四掷波段开关切换电容，进行信号频率的粗调，每挡的频率相差10倍。通过双联电位器R_{P1}进行信号频率的细调，在该挡频率范围内频率连续可调。R_{P2}是一个多圈电位器，调节它可以改善波形，防止失真。若将R_4改成阻值为3kΩ的电阻，则调节R_{P2}时，可以明显看出RC文氏桥电路的起振条件和对波形失真的改善过程。

电路的第二级是一个反相比例放大器,调节电位器 R_{P3} 可以改变输出信号的幅度,本级的电压放大倍数最大为 5 倍,最小为零倍,调节 R_{P3} 可以明显看到正弦波信号从无到有直至幅度逐渐增大的情况。当然这级电路若采用同相比例放大器,则调节 R_{P3} 时,该级电路对前级信号源电路的影响明显减小,这是因为同相比例放大器的输入电阻比反相比例放大器的输入电阻大得多的缘故。通过正弦波信号发生器的制作,可以对电子电路的许多理论有更为深刻的理解和认识。

RC 文氏桥信号发生器的振荡频率由公式 $f=1/2\pi RC$ 决定。通过计算可知,这个电路能产生的信号频率范围为 10Hz～100kHz,覆盖了整个音频范围,所以若将信号源的输出接在一个音频功率放大器上,从喇叭的发声情况,就可以了解人耳对次声波、音频波和超声波的不同反应。当然,若同时在信号发生器的输出端接一个示波器,就可以对频率的高低与声调的高低有更直观的认识。

2. 电源

本项目所设计的正弦波信号发生器需要正负 12V 直流稳压电源供电。

直流稳压电源一般由交流电源变压器、整流、滤波和稳压电路四部分组成。组成框图如图 7-44 所示。图 7-45 是电源电路原理图。

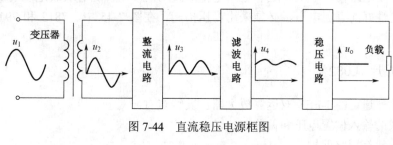

图 7-44 直流稳压电源框图

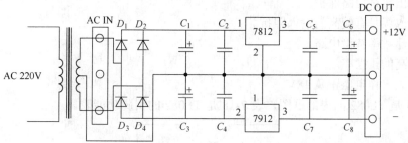

图 7-45 电源电路原理图

(1) 电源变压器

电源变压器的作用是将电网 220V 的交流电压变换成整流滤波电路所需要的交流电压 U_2。变压器副边与原边的功率比为 $P_2/P_1=\eta$,式中 η 是变压器的效率。

(2) 整流电路

整流就是利用二极管的单向导电性将交流电转换为单向脉动的直流电,实现这一功能的电路就是整流电路。整流电路分为半波整流、全波整流和桥式整流三种。图 7-44 中,D_1～D_4 四个二极管组成桥式整流电路。在正半周,即上端为正,下端为负时,D_1、D_4 承受正向电压而导通，D_2、D_3 因反偏而截止，此时有电流流过负载，负载上得到一个半波电压，若略去二极管的正向压降，则 $u_o \approx u_2$；在负半周，即下端为正，上端为负时，D_2、D_3 承受正向电压而导通，D_1、D_4 因反偏而截止，此时有电流流过负载，负载上得到一个半波电压，若略去二极管的正向压降，则 $u_o \approx -u_2$。

（3）滤波电路

整流电路虽将交流电变为直流，但输出的却是脉动电压。这种大小变动的脉动电压，除了含有直流分量外，还含有不同频率的交流分量，这就远不能满足大多数电子设备对电源的要求。为了改善整流电压的脉动程度，提高其平滑性，在整流电路中都要加滤波电路。滤波电路利用电抗性元件对交、直流阻抗的不同，实现滤波。电容器对直流开路，对交流阻抗小，所以电容器应该并联在负载两端。经过滤波电路后，既可保留直流分量，又可滤掉一部分交流分量，改变了交直流成分的比例，减小了电路的脉动系数，改善了直流电压的质量。在图 7-45 中，C_1、C_3 是滤波电容。

（4）稳压电路

虽然整流滤波电路能将交流电压变换成较为平滑的直流电压，但是，一方面由于输入电压平均值取决于变压器副边电压的有效值，所以电网电压波动时，输出电压平均值也随之产生；另一方面，由于整流电路内阻存在，当负载变化时，内阻上的电压将产生变化。因此，整流滤波电路输出电压会随着电网电压的波动而波动，随着负载电阻的变化而变化。为了获得稳定性好的直流电压，必须采用稳压措施。在图 7-45 中，7812 和 7912 组成稳压电路。

3. 集成芯片 TL082

TL082 是一通用的 J-FET 双运算放大器。其特点有：

（1）较低的输入偏置电压和偏移电流。
（2）输出设有短路保护。
（3）输入级具有较高的输入阻抗。
（4）内建频率补偿电路。
（5）较高的压摆率。
（6）最大工作电压正负 18V。

图 7-46 是 TL082 的内部框图，表 7-18 是 TL082 的引脚功能表。

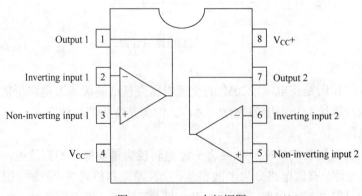

图 7-46　TL082 内部框图

表 7-18 TL082 引脚功能表

脚 号	脚 名	功 能	脚 号	脚 名	功 能
1	Output 1	输出 1	5	Non-inverting input 2	同相输入 2
2	Inverting input 1	反相输入 1	6	Inverting input 2	反相输入 2
3	Non-inverting input 1	同相输入 1	7	Output 2	输出 2
4	V_{CC-}	负电源	8	V_{CC+}	正电源

任务实施

1. 任务实施器材

（1）正弦波信号发生器配件一套/人。
（2）焊接工具：35W 内热式电烙铁、斜口钳、尖嘴钳一套/人。
（3）焊接材料：焊锡丝、松香一套/人。

2. 任务实施步骤

（1）清点材料

请按表 7-19 正弦波信号发生器材料清单表一一对应清点材料，记清每个元件的名称与外形。

表 7-19 材料清单表

序号	器件名称	数量	外 形	备注	序号	器件名称	数量	外 形	备注
1	电阻	7个		$R_1 \sim R_7$	6	波段开关	1个		
2	瓷片电容	16个		$C_1 \sim C_{16}$	7	电源变压器	1个		
3	电解电容	6			8	电路板	1块		
4	电位器	7个			9	导线	若干		
5	三端集成稳压块	2个							

注意：集成芯片的引脚比较尖锐，小心别扎到手。

(2) 焊接前的准备工作

操作题目 1：元件读数测量

操作要求 1：观察色环电阻，读出其阻值，将结果填入表 7-20 中。

表 7-20 电阻记录表

名 称	一环颜色	二环颜色	三环颜色	四环颜色	阻 值	误 差 值
R_1						
R_2						
R_3						
R_4						
R_5						
R_6						
R_7						

操作要求 2：观察电容，读出其容值，将结果填入表 7-21 中。

表 7-21 电容记录表

名 称	标 志	容 值	名 称	容 值	耐 压 值
C_1			C_2		
C_3			C_4		
C_5			C_6		
C_7			C_8		
C_9			C_{10}		
C_{11}			C_{12}		
C_{13}			C_{14}		
C_{15}			C_{16}		
C_{17}			C_{18}		
C_{19}			C_{20}		

操作题目 2：元件准备

操作要求：将所有元器件引脚的漆膜、氧化膜清除干净，然后进行搪锡（如果元器件引脚未氧化则省去此项），然后将元件脚弯制成形。

(3) 正弦波信号发生器的装调

操作题目 1：信号发生器的装配

操作提示：

① 注意焊接的时候不仅要位置正确，还要焊接可靠，形状美观。

② 注意电解电容的极性，不要装反。

③ 元件的引脚要尽可能的短。

④ 焊点的焊料要均匀、饱满，表面无杂质、光滑。

⑤ 每次焊接完一部分元件，均应检查一遍焊接质量及是否有错焊、漏焊，发现问题及时纠正。

操作要求：

按照图 7-47 装配好的正弦波信号发生器实物图正确插装元件。装配原则：安装时先装低矮和耐热的元件（如电阻、瓷片电容），然后再装大一点的元件（如开关、电位器）。

操作提示：

① 波段开关上各个引线与 RC 串并联网络的电容的连接要正确，在双刀四掷波段开关上，各个掷之间互成 180 度角的两个电极，它们之间是一一对应关系，应该分别连到一对相同容量的电容上。

图 7-47　正弦波信号发生器实物图

② 集成运放的管脚识别要正确，TL082 是高速精密双运算放大器，采用双列直插封装，在塑封的表面上有一个圆点，其对应的管脚就是 1 脚，其他管脚按照逆时针顺序排列。

③ 三端集成稳压块 7812 和 7912 的管脚功能不同，要正确识别，7912 的管脚从左至右分别是地、输入端和输出端，而 7812 的管脚从左至右分别是输入端、地和输出端。

④ 电源板和信号发生器电路板之间要用三根导线进行电源的连接，保证供给正负 12V 直流电。

操作题目 2：信号发生器调试前的检测

操作要求：正弦波信号发生器装配完毕，不宜急于通电，先要认真检查。
① 连线是否正确。
② 元器件的安装情况。
③ 电源供电，连接是否正确。
④ 电源端对地是否有短路的现象。

操作题目 3：通电观察

将变压器的初级接到 220V 交流电上，观察有无异常现象，包括有无冒烟，是否有异味，手摸器件是否发烫，电源是否有短路现象等。

如果出现异常，应立即切断电源，待排除故障后才能再通电。然后测量各路总电源电压和各个器件的引脚的电源电压，以保证元器件正常工作。

操作题目 4：故障的排除

操作要求：查找故障时，首先要有耐心，还要求细心，切忌马马虎虎，同时还要开动脑筋，认真进行分析、判断。

当电路工作时，首先应关掉电源，再检查电路是否有接错、掉线、断线，有没有接触不良、元器件损坏、元件差错、元器件引脚接错等。查找时可借助万用表进行。

【工程经验】

电源部分最容易出现故障，用万用表的直流电压挡分别直接测量三端集成稳压电路的输出，只要器件本身和装配没有问题，应该有直流正负 12V 电压的输出，若没有输出电压,则应该分别检查三端集成稳压块 7812 和 7912 的输入端有无正负 15V 左右的直流电压。若有,则是 7812 和 7912 的问题,应该仔细检查 7812 和 7912 的连接是否正确,若连接正确,则肯定是 7812 和 7912 本身的问题,可用替换法进行判断。

任务考核与评价(表 7-22)

表 7-22 正弦波信号发生器的装配与调试考核

任 务 内 容	配　　分	评　分　标　准		自　　评	互　　评	教 师 评
准备工作	20	①核对器件总数	5 分			
		②元器件读数测量	10 分			
		③质量鉴定	5 分			
发生器的装配	60	①发生器插件焊接	20 分			
		②电源插件焊接	20 分			
		③导线焊接	20 分			
发生器的调试	10	①调试前的检测	2 分			
		②通电观察	2 分			
		③故障排除	6 分			
安全、文明操作	10	违反一次	扣 5 分			
定额时间	12 学时	每超过 1 学时	扣 10 分			
开始时间		结束时间		总评分		

附 录

附录 A 常用数字集成电路速查表

表 A-1 74 系列集成电路速查表

型号：74LSxx / 74HCxx 等	功 能 简 述
00	二输入端四与非门
01	集电极开路二输入端四与非门
02	二输入端四或非门
03	集电极开路二输入端四与非门
04	六反相器
05	集电极开路六反相器
06	集电极开路六反相高压驱动器
07	集电极开路六正相高压驱动器
08	二输入端四与门
09	集电极开路二输入端四与门
10	三输入端三与非门
107	带清除主从双 J-K 触发器
109	带预置清除正触发双 J-K 触发器
11	三输入端三与门
112	带预置清除负触发双 J-K 触发器
12	开路输出三输入端三与非门
121	单稳态多谐振荡器
122	可再触发单稳态多谐振荡器
123	双可再触发单稳态多谐振荡器
125	三态输出高有效四总线缓冲门
126	三态输出低有效四总线缓冲门
13	四输入端双与非施密特触发器
132	二输入端四与非施密特触发器
133	一十三输入端与非门
136	四异或门
138	三—八线译码器/复工器
139	双组二—四线译码器/复工器
14	六反相施密特触发器
145	BCD—十进制译码/驱动器
15	开路输出三输入端三与门

续表

型号：74LSxx / 74HCxx 等	功 能 简 述
150	十六选一数据选择/多路开关
151	八选一数据选择器
153	双四选一数据选择器
154	四线—十六线译码器
155	独立选通输出译码器/分配器
156	开路输出译码器/分配器
157	同相输出的四组二选一数据选择器
158	反相输出的四组二选一数据选择器
16	开路输出六反相缓冲/驱动器
160	可预置 BCD 异步清除计数器
161	可预置四位二进制异步清除计数器
162	可预置 BCD 同步清除计数器
163	可预置四位二进制同步清除计数器
164	八位串行输入/并行输出移位寄存器
165	八位并行输入/串行输出移位寄存器
166	八位并入/串出移位寄存器
169	二进制四位加/减同步计数器
17	开路输出六同相缓冲/驱动器
170	开路输出 4×4 寄存器堆
173	三态输出四位 D 型寄存器
174	带公共时钟和复位六 D 触发器
175	带公共时钟和复位四 D 触发器
180	九位奇数/偶数发生器/校验器
181	算术逻辑单元/函数发生器
185	二进制—BCD 代码转换器
190	BCD 同步加/减计数器
191	二进制同步可逆计数器
192	可预置 BCD 双时钟可逆计数器
193	可预置四位二进制双时钟可逆计数器
194	四位双向通用移位寄存器
195	四位并行通道移位寄存器
196	二/五/十进制可预置计数锁存器
197	二进制可预置锁存器/计数器
20	四输入端双与非门
21	四输入端双与门
22	开路输出四输入端双与非门
221	双/单稳态多谐振荡器
240	八反相三态缓冲器/线驱动器
241	八同相三态缓冲器/线驱动器

续表

型号：74LSxx / 74HCxx 等	功 能 简 述
243	四同相三态总线收发器
244	八同相三态缓冲器/线驱动器
245	八同相三态总线收发器
247	BCD—七段 15V 输出译码/驱动器
248	BCD—七段译码/升压输出驱动器
249	BCD—七段译码/开路输出驱动器
251	三态输出八选一数据选择器/复工器
253	三态输出双四选一数据选择器/复工器
256	双四位可寻址锁存器
257	三态原码四组二选一数据选择器/复工器
258	三态反码四组二选一数据选择器/复工器
259	八位可寻址锁存器/三—八线译码器
26	二输入端高压接口四与非门
260	五输入端双或非门
266	二输入端四异或非门
27	三输入端三或非门
273	带公共时钟复位八 D 触发器
279	四组基本型 RS 触发器
28	二输入端四或非门缓冲器
283	四位二进制全加器
290	二/五分频十进制计数器
293	二/八分频四位二进制计数器
295	四位双向通用移位寄存器
298	四组二输入多路带存储开关
299	三态输出八位通用移位寄存器
30	八输入端与非门
32	二输入端四或门
322	带符号扩展端八位移位寄存器
323	三态输出八位双向移位/存储寄存器
33	开路输出二输入端四或非缓冲器
347	BCD—七段译码器/驱动器
352	双组四选一数据选择器/复工器
353	三态输出双四选一数据选择器/复工器
365	门使能输入三态输出六同相线驱动器
366	门使能输入三态输出六反相线驱动器
367	四/二线使能输入三态六同相线驱动器
368	四/二线使能输入三态六反相线驱动器
37	开路输出二输入端四与非缓冲器
373	三态同相八 D 锁存器

续表

型号：74LSxx / 74HCxx 等	功 能 简 述
374	三态反相八 D 锁存器
375	四位双稳态锁存器
377	单边输出公共使能八 D 锁存器
378	单边输出公共使能六 D 锁存器
379	双边输出公共使能四 D 锁存器
38	开路输出二输入端四与非缓冲器
380	多功能八进制寄存器
39	开路输出二输入端四与非缓冲器
390	双十进制计数器
393	双四位二进制计数器
40	四输入端双与非缓冲器
42	BCD—十进制代码转换器
447	BCD—七段译码器/驱动器
45	BCD—十进制代码转换/驱动器
450	16:1 多路转接复用器多工器
451	双 8:1 多路转接复用器多工器
453	四 4:1 多路转接复用器多工器
46	BCD—七段低有效译码/驱动器
460	十位比较器
461	八进制计数器
465	三态同相二与使能端八总线缓冲器
466	三态反相二与使能端八总线缓冲器
467	三态同相二使能端八总线缓冲器
468	三态反相二使能端八总线缓冲器
469	八位双向计数器
47	BCD—七段高有效译码/驱动器
48	BCD—七段译码器/内部上拉输出驱动
490	双十进制计数器
491	十位计数器
498	八进制移位寄存器
50	二—三/二—二 输入端双与或非门
502	八位逐次逼近寄存器
503	八位逐次逼近寄存器
51	二—三/二—二 输入端双与或非门
533	三态反相八 D 锁存器
534	三态反相八 D 锁存器
54	四路输入与或非门
540	八位三态反相输出总线缓冲器
55	四输入端二路输入与或非门

续表

型号：74LSxx / 74HCxx 等	功 能 简 述
563	八位三态反相输出触发器
564	八位三态反相输出 D 触发器
573	八位三态输出触发器
574	八位三态输出 D 触发器
645	三态输出八同相总线传送接收器
670	三态输出 4×4 寄存器堆
73	带清除负触发双 J-K 触发器
74	带置位复位正触发双 D 触发器
76	带预置清除双 J-K 触发器
83	四位二进制快速进位全加器
85	四位数字比较器
86	二输入端四异或门
90	可二/五分频的十进制计数器
93	可二/八分频的二进制计数器
95	四位并行输入\输出移位寄存器
97	六位同步二进制乘法器

表 A-2　4000 系列集成电路速查表

型　号	性　能　说　明
CD4000	三输入双或非门反相器
CD4001	四组二输入或非门
CD4002	双组四输入或非门
CD4006	十八级静态移位寄存器
CD4007	双互补对加反相器
CD4008	四位二进制并行进位全加器
CD4009	六缓冲器/转换器（反相）
CD4010	六缓冲器/转换器（同相）
CD40100	三十二位双向静态移位寄存器
CD40101	九位奇偶发生器/校验器
CD40102	八位 BCD 可预置同步减法计数器
CD40103	八位二进制可预置同步减法计数器
CD40104	四位三态输出双向通用移位寄存器
CD40105	先进先出寄存器
CD40106	六反相器（带施密特触发器）
CD40107	二输入双与非缓冲/驱动器
CD40108	4×4 多端寄存
CD40109	四组三态输出低到高电平移位器
CD4011	四组二输入与非门
CD40110	十进制加减计数/译码/锁存/驱动

续表

型 号	性 能 说 明
CD40117	十/四 BCD 优先编码器
CD4012	双组四输入与非门
CD4013	带置位/复位的双 D 触发器
CD4014	8 级同步并入串入/串出移位寄存器
CD40147	十/四线 BCD 优先编码器
CD4015	双四位串入/并出移位寄存器
CD4016	四组双向开关
CD40160	非同步复位可预置 BCD 计数器
CD40161	非同步复位可预置二进制计数器
CD40162	同步复位可预置 BCD 计数器
CD40163	同步复位可预置二进制计数器
CD4017	十进制计数器/分频器
CD40174	六组 D 触发器
CD40175	四组 D 触发器
CD4018	可预置 1/N 计数器
CD40181	四位算术逻辑单元
CD40182	超前进位发生器
CD4019	四与或选择门
CD40192	可预置四位 BCD 计数器
CD40193	可预置四位二进制计数器
CD40194	四位双向并行存取通用移位寄存器
CD4020	十四级二进制串行计数/分频器
CD40208	4×4 多端寄存器
CD4021	异步八位并入同步串入/串出寄存器
CD4022	八进制计数器/分频器
CD4023	三组三输入与非门
CD4024	七级二进制计数器
CD4025	三组三输入或非门
CD40257	四组二——一线数据选择器/多路传输
CD4026	七段显示十进制计数/分频器
CD4027	带置位复位双 J-K 主从触发器
CD4028	BCD—十进制译码器
CD4029	可预置加/减（十/二进制）计数器
CD4030	四异或门
CD4031	六十四级静态移位寄存器
CD4032	三位正逻辑串行加法器
CD4033	十进制计数器/消隐七段显示
CD4034	八位双向并、串入/并出寄存器
CD4035	四位并入/并出移位寄存器

续表

型　号	性　能　说　明
CD4038	三位串行负逻辑加法器
CD4040	十二级二进制计数/分频器
CD4041	四原码/补码缓冲器
CD4042	四时钟控制 D 锁存器
CD4043	四三态或非 R/S 锁存器
CD4044	四三态与非 R/S 锁存器
CD4045	二十一位计数器
CD4046	PLL 锁相环电路
CD4047	单稳态、无稳态多谐振荡器
CD4048	八输入端多功能可扩展三态门
CD4049	六反相缓冲器/转换器
CD4050	六同相缓冲器/转换器
CD4051	八选一双向模拟开关
CD4052	双组四选一双向模拟开关
CD4053	三组二选一双向模拟开关
CD4054	四位液晶显示驱动器
CD4055	BCD—七段译码/液晶显示驱动器
CD4056	BCD—七段译码/驱动器
CD4059	可编程 1/N 计数器
CD4060	十四级二进制计数/分频/振荡器
CD4063	四位数字比较器
CD4066	四双向模拟开关
CD4067	单组十六通道模拟开关
CD4068	八输入端与非门
CD4069	六组反相器
CD4070	四组异或门
CD4071	四组二输入端或门
CD4072	四输入端双或门
CD4073	三输入端三与门
CD4075	三输入端三或门
CD4076	四位三态输出 D 寄存器
CD4077	四异或非门
CD4078	八输入端或非门
CD4081	四组二输入端与门
CD4082	四输入端双与门
CD4085	双 2×2 与或非门
CD4086	二输入端可扩展四与或非门
CD4089	二进制系数乘法器
CD4093	四组二输入端施密特触发器

续表

型 号	性 能 说 明
CD4094	八级移位存储总线寄存器
CD4095	选通 J-K 同相输入主从触发器
CD4096	选通 J-K 反相输入主从触发器
CD4097	双组八通道模拟开关
CD4098	双单稳态多谐振荡器
CD4099	八位可寻址锁存器

附录 B 常用数字电路集成引脚排列图

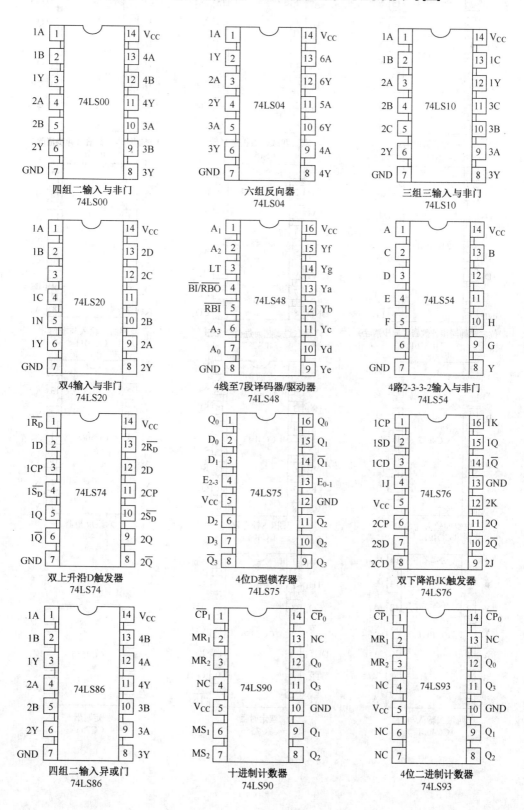

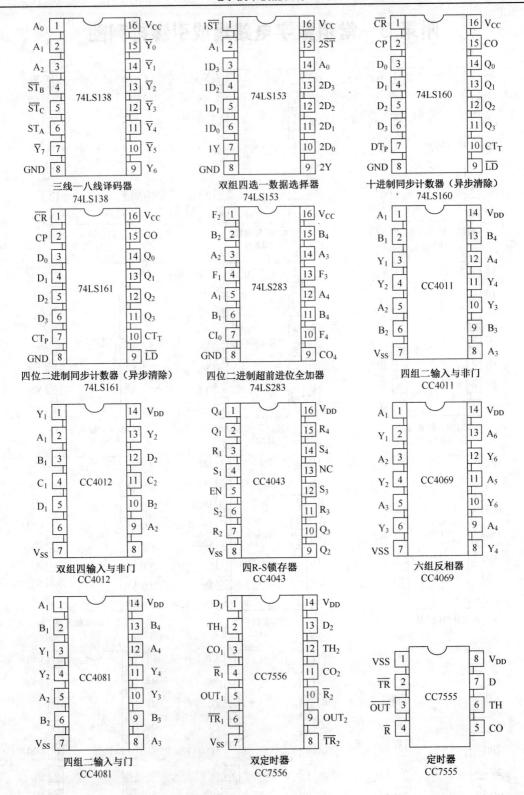